당신의 일상은 안녕한가요

당신의 일상은 안녕한가요

글과 사진 안혜연

그저 좋아서 떠났던 여행의 모든 순간

상상출판

여행과 일상,

그 사이 어딘가에서

프롤로그

여행을 위한 여행이든, 일거리를 잔뜩 안고 떠난 여행이든 일 년에 적어도 서너 달 이상은 해외에 머물러요. 그렇게 지낸 지 벌써 6년째에 접어들었네요. 지나고 보니 단지 좋아서 떠난 서툰 여행들이 모이고 모여 삶의 많은 것들을 바꾸어 놓았어요. 지극히 평범한 일상을 살던 직장인을 내려놓고 조금은 위태로워 보이는 프리랜서, 여행작가의 길을 택했습니다. 두둑한 통장 잔고보다 자유로운 공기에 취해 보내는 시간을 더 흡족해하는 사람이 되었지요. 글밥 먹고사는 게 때때로 버겁게 느껴지지만 아직은 그럭저럭 잘 버티고 있습니다.

늘 돈보다는 시간이 넉넉한 편이라 수수하고 느린 여행을 해요. 내 발걸음에 맞춰 천천히 걷고 느릿느릿 산책하듯 여유롭게 돌아봅니다. 어떤 날은 동네 한 바퀴에 그치기도 하고 가끔은 우두커니 카페에 앉아 시간을 보내기도 하죠. 여행은 꼭 무언가를 보러 가는 게 아니니까. 그저 용기를 냈고 그 순간을 즐기고 있다는 것만으로도 의미는 충분하니까.

바람 노래에 귀 기울이고 폭신한 구름 이불 덮으며 지내는 나날들을 사랑합니다. 언제든지 마음을 따라나설 수 있어서, 발길 닿는 대로 걸을 수 있어서 감사한 마음이에요. 묵직한 배낭을 둘러메고 떠나는 배낭여행도 좋고요. 한 도시에 석 달쯤 여행자와 생활자의 미묘한 경계를 걸으며 살아보는 여행도 좋아요. 길 위에서 보낸 시간이 언제나 즐겁기만 했었다고 말하기는 어렵고 마냥 편안했었다고 얘기하는 건 더욱 어렵겠지만, 돌이켜보면 함박웃음이 절로 터져 나옵니다. 그 시간이 행복했었기 때문이겠지요?

참 행복했답니다. 길 위에서.

2018년 10월, 안혜연

목
차

Part 3. 그날의 맛

Part 4. 생각 많아지는 밤

TAXI

Volante

Part 1.

잠시, 다녀올게요

혼자 떠나는 이유

혼자 여행하는 이유는 생각보다 거창하지 않다. 평소에 없던 대담한 용기가 여행할 때만 솟아서? 그럴 리가. 홀로 떠난 길 위에서 깨달음을 얻고야 말겠다는 식의 얼토당토않은 패기가 넘쳐서? 그건 더더욱 아니다. 단지 같이 갈 사람이 없어서다.

엄마가 된 친구들에게는 선뜻 손 내밀 수가 없고, 회사에 몸이 묶인 이들은 휴가 내기가 하늘의 별 따기다. 그렇다고 시간만 넉넉한 백수나 프리랜서를 꼬드기자니 공연스레 금전적인 부담을 떠안기는 것 같아 꺼리게 된다. 돈과 시간이 있다 한들 여행의 취향이 맞지 않으면 말짱 도루묵. 없느니만 못한 동행이 되기 십상이어서 거듭 망설이게 된다. 상황이 이쯤 되면 정답게 손잡고 함께 떠날 누군가를 찾는 것보다 혼자 떠나는 것을 택하는 게 여러모로 수월하다.

혼자 여행하면 나 자신의 목소리에 귀 기울일 수 있다. 내 감정과 몸만 잘 추스르면 되니까 간단해서 좋다. 마음의 소리가 들린다. 내가 어떤 사람인지 스스로 겪어보고 발견하면서 나에 대한 이해가 깊어진다. 어떤 날에는 사소한 일에도 간이 콩알만 해져 잔뜩 겁에 질린 나를 발견하고, 또 어떤 날에는 과감한 모험심으로 중무장한 채 세상 밖으로 저벅저벅 걸어 나가는 나를 본다. 지독하게 소심한 것도 나고 용감무쌍한 얼굴로 변해있는 것도 나다.

역설적이게도 혼자 여행하면 오히려 많은 사람을 만나게 된다. 비집고 들어갈 틈이 없어 보이는 두 사람보다 말동무가 필요해 보이는 '나 홀로 여행자'에게 말을 건네기 쉬운 법. 여행지에서 사랑을 만나는 핑크빛 로망을 이뤄 둘이 되어 돌아오는 흐뭇한 일화도 몇 번 있었다. 결국은 모진 헤어짐으로 싱겁게 끝이 나버렸지만.

외로움을 달래려고 싫은 사람과 억지로 동행하는 건 반드시 피해야 할 일이다. 그토록 친했던 친구와의 여행도 때로는 비극으로 끝을 맺는다. 보고 싶지 않았던 면면까지 세세히 들여다본 끝에 아옹다옹하다 오만 정 다 떨어져서, 돌아올 때는 냉랭하고 서먹한 관계가 되기도 한다. 낯선 이와의 조우로 일행을 만들었다가 자칫 진상을 만나 여행길이 고행 혹은 마음 수련의 길로 접어들 수도 있다.

그러니 떠나고 싶어지면 그냥 떠나라. 혼자여도 괜찮다. 떠나는 데 필요한 것은 용기나 돈이 아닌 포기다. 가만히 생각해

보면 손에 쥔 것도 없는 주제에 무얼 그리 세게 움켜쥐고 살았는지. 초라한 통장 잔고, 겨우 대리나 과장 따위의 직책 그까짓 게 뭐 대수라고. 몇 달쯤 자리를 비우면 큰일이 날 것 같지만 그럼에도 회사는 톱니바퀴 맞물리듯 잘만 돌아가고 내가 잠시 이 나라를 떠나 있어도 변하는 것은 아무것도 없다. 아무 일도 일어나지 않는다. 다만 스스로 경력이 단절되는 것을 걱정할 뿐.

남들과 다른 일상을 보내는 게 두렵게 느껴질 수도 있다. 견디고 넘겨야 하는 고비다. 하지만 낯선 바람을 따라나서 보면 단번에 안다. 다르게 살아도 괜찮다는 걸. 살고 싶은 대로 살아도 인생은 그럭저럭 잘 굴러간다는 걸. 내 눈으로 그걸 확인하기까지 아무도 내게 알려주지 않았던 너무도 당연한 이치.

용기? 굳이 내려 하지 않아도 절실하면 저절로 생기더라. "지금으로부터 20년 뒤 당신은 한 일보다 하지 않은 일로 후회하게 될 것이다. 닻줄을 풀고 안전한 항구에서 나와 항해를 시작하라. 탐험하고, 꿈꾸고, 발견하라." 미국 소설가 마크 트웨인의 말.

30

떠나고 싶어지면 그냥 떠나라.

낯선 바람을 따라나서 보면 단번에 안다.

다르게 살아도 괜찮다는 걸.

살고 싶은 대로 살아도 인생은 그럭저럭 잘 굴러간다는 걸.

늘 분주한 여행 준비

여행 전에는 줄곧 마음이 바쁘다.
배낭이나 캐리어에 온갖 것을 다 쑤셔 넣는다.
가방이 터질 듯 빵빵해지면 그제야 다시 한 번 들여다본다.
여행에 쓸모 있는 물건인지,
꼭 가져가야만 하는지 다시금 짚어본다.

여행갈 때 반드시 챙겨야 하는 것은 생각보다 많지 않다.
"이게 없으면 절대 못 가!"라고
외칠 수 있는 물건은 단 세 가지.
여권과 항공권 그리고 약간의 돈뿐이다.
나머지는 필요에 따라 소신껏 챙기면 된다.
여기에 굳건한 마음의 준비만 있으면 더 바랄 게 없다.
예쁜 옷과 매콤한 고추장과 고데기.
이렇게 소소한 것들은 그다음의 문제.

떠나보면 알게 된다.
사는 데 필요한 게 그다지 많지 않았다는 걸.
그간 얼마나 많은 군더더기를
덕지덕지 붙인 채로
복잡하게 살아왔는지를.

비 오는 날에

비 오는 날의 여행, 언뜻 생각하면 짜증부터 울컥 밀려온다. 모처럼 떠나기로 마음먹은 날인데 비가 추적추적 쏟아지면 기분이 바닥으로 가라앉는다. "내내 화창하다가 왜 하필 내가 여행 가는 날만 골라서 비가 오는 거지?" 하며 하늘을 원망하기도 한다. 하지만 달리 생각해 보면 비 오는 날의 여행도 충분히 즐거울 수 있다.

가브리엘 벵상의 그림책 『비 오는 날의 소풍』에는 곰 아저씨와 귀여운 생쥐 아가씨의 단란한 소풍 이야기가 그려진다. 소풍을 떠나기 전날, 둘은 부푼 마음으로 준비를 시작한다. 가

방에 커다란 햇빛 가리개와 따듯한 담요를 넣고 소풍 가서 나눠 먹을 음식도 챙긴다. 그렇게 소풍의 설렘을 안고 잠자리에 든다. 다음 날 아침, 예기치 못한 일이 벌어졌다. 아침에 눈을 떠 보니 비가 주룩주룩 내리고 있었다. 비 때문에 기대했던 소풍은 물 건너가고 기분은 엉망이 되었다. 이때 듬직한 곰 아저씨가 멋진 생각을 해냈다. 비가 안 오는 셈 치기로 한 것. 상황은 조금도 달라지지 않았지만, 마음을 달리 먹어보기로 했다. 곰 아저씨와 생쥐 아가씨는 다시 소풍 갈 생각에 마음이 두둥실 떠올랐다. 틀림없이 고달플 거라며 한마디씩 거들었으나, 주변의 반대를 물리치고 계획했던 대로 출발. 커다란 나무 아래 자리를

잡고 쏟아지는 비를 보며 정성스럽게 준비한 도시락을 나눠 먹었다. 여전히 비가 내렸고 세찬 바람도 불었다. 둘은 따듯한 기운을 느꼈다.

여행 가는 날 아침. 빗줄기에 땅이 흠뻑 젖어있었다. 우중충한 잿빛 하늘을 마주하고 적잖이 실망했다. 그렇다고 여행을 포기할 수는 없는 일. 꼬깃꼬깃하게 접혀있던 우비를 탁탁 털어 입고 길을 나섰다. 기분 좋게, 웃는 얼굴로! 비 오는 날에만 느낄 수 있는 감정들이 있다. 수채화 같은 풍경 속에 발을 디디면 시간이 천천히 흐르고 걸음도 느려진다. 유리를 타고 주르륵 흘러내리는 빗방울을 바라보며 톡톡톡 창문을 두드리는 빗소리를 듣는다. 굳어있던 감성이 말랑말랑해진다.

생각보다 많은 일이 마음먹기에 달렸다.

일탈이 필요해

많아야 1년에 두 번쯤 휴가를 떠날 수 있는 직장인으로 살던 내 숨통을 트이게 해주는 곳은 제주였다. 금요일에 월차를 내고 이박삼일 일정으로 제주를 오갔다. 금요일 아침 일찍 제주에 발을 들였다가 일요일 밤이 되면 도살장에 끌려가는 기분을 느끼며 마지못해 돌아왔다.

문득 하늘을 올려다봤다. 붓에 파란 물감을 쿡 찍어 쓱싹 칠하고 작은 붓에 하얀 물감을 쿡쿡 찍어 구름을 적당히 그려놓은 듯 맑고 쾌청했다. 낭만적인 제주 하늘이었다. 날씨가 너무 좋아서 그대로 주저앉고 말았다. 즉흥적으로 하룻밤을 더 머물

기로 마음먹고 다음 날 첫 비행기로 스케줄을 바꿨다. 바다 건너 신사동으로의 출근을 감행하기로 했다. 이론상으로는 무리가 아니었다. 제주에서 오전 7시 10분 비행기를 타면 1시간 뒤 김포공항에 도착할 것이고, 곧장 지하철 9호선 급행열차에 몸을 실으면 출근시간 내 너끈히 회사에 도착할 수 있을 것 같았다. 어차피 인천에서 신사동까지 날마다 여행하듯 출근하고, 7시 30분을 넘기면 집에서 나와야 했으니 인천에서 가는 거나 제주에서 가는 거나 시간상으로는 별 차이가 없었다.

예정대로였다면 8시 15분에 도착했어야 할 비행기가 착륙 준비를 하다 다시 하늘로 날아오른 건 예상 못한 함정이다. 집중호우 때문에 착륙이 지연되었고 약 20분간 뿌연 하늘 위를 날았다. 원치 않는 비행을 하며 방황해야 했다. 그럼에도 바닷길을 건너는 출근길치고는 비교적 양호했다. 지옥철로 변해버린 9호선이 발 디딜 틈 없이 붐볐지만.

출근 도장이 찍힌 시각은 9시 40분. 10분 지각이다. 행운은 나 말고도 아직 출근하지 못한 직원들이 많았다는 것. 사당역과 강남역에 물이 차는 바람에 지각을 면하지 못한 이들이 몇 있었다. 거기 묻어서 비행기를 타고 출근하는 미션은 보기 좋게 성공! 마치 단 꿈을 꾼 것처럼 아침에 본 제주 바다가 비현실적으로 다가오는 월요일이었다.

지루한 일상, 가끔은 우리에게도 일탈이 필요해!

○

여행의
취향

제주에 간다고 하니 지인의 눈이 휘둥그레졌다. 몇 달씩이나 제주에 머물고, 한 해 동안 몇 번이나 다녀오고도 아직 볼 게 남았냐고 묻는 것. 그런데 어쩌지? 뭐 보러 가는 거 아닌데.

물론 무언가를 보러 갈 때도 있다. 호기심이 일거나 어떤 장면을 보고 마음이 동할 때도 있다. 하지만 무언가를 보지 않아도 흡족한 게 여행이다. 왜 꼭 뭘 봐야 한다고 생각할까? 우두커니 카페에 앉아 커피 한 잔 홀짝이며 도란도란 수다 떠는 것도 여행이고 뒷짐 진 채 슬렁슬렁 마을 산책하는 것도 여행인데! 대단한 볼거리를 봐야 여행인가? 성산일출봉에 오르고 섭

지코지를 거닐고 협재해수욕장에 몸 담그고 한라산 등반을 해야 여행다운 여행을 한 걸까? 중요한 건 그게 아니다. 남들이 다 보는 거 덜 보더라도 각자 누리고 싶은 것을 누리며 생기를 되찾았다면 그걸로 됐다. 맑은 공기 한껏 들이켜고 제주도민의 수수한 일상을 엿보고 그저 머물렀다는 것, 그거면 충분하다.

제주를 여행하면 따분한 일상 속에서 미처 발견하지 못했던 것들이 눈에 띈다. 하늘엔 감동이 흐르고 태초의 숲과 같은 곶자왈이 피톤치드를 뿜어낸다. 많은 것들이 변해가도 변치 않고 그대로인 바다가 반겨준다. 네온사인 너머 별들이 또랑또랑 빛을 낸다. 그래서 제주가 자꾸 그립다.

철학자 루소와 같은 생각으로 여행한다. "나는 내 편한 대로 걷고 내 맘에 드는 곳에서 멈춰 서고 싶다. 돌아다니는 삶이 내게 필요한 삶이다. 화창한 날씨에 아름다운 고장에서 서두르지 않고 맨발로 길을 나서서 한참 가다가 마침내 기분 좋은 것을 얻게 되는 것, 이것이 바로 모든 삶의 방식들 중에서 내 취향에 가장 맞는 것이다."

○

가끔은
길을 잃어도
괜찮아

낯선 곳을 여행하다 보면 길을 잃기 마련이다.
길눈이 유달리 밝아서 초행길도 지도 한 장만으로
척척 찾아다닐 수 있으면 좋으련만.
어떤 사람은 길치여서
지도를 보고도 길 위를 한없이 헤매고 다닌다.

나도 수십 번 길을 잃었다.
확신에 차서 한참을 걸었는데
엉뚱한 곳에 덩그러니 가 있었다.

길을 잃었을 때 만난 풍경과 사람들을 떠올려보니
여행자가 길을 잃는다는 건 어쩌면 행운인지도 모르겠다.
길을 잃었다고 미간에 굵은 주름 긋지 않으면 그것으로 끝이다.
어디론가 바삐 갈 필요도, 이유도 없는
여행자라는 사실을 망각하지 않는다면
가끔은 길을 잃어도 괜찮다.

진짜
필요한 말

여행지에 도착하기 전까지 거의 계획을 세우지 않는다. 하지 않는 게 아니라 하지 못하는 게 맞다. 바쁜 일상을 보내다 보면 여행 준비는 어느새 뒷전이 된다. 손 놓은 채 미루고 미루다가 등 떠밀려 떠날 때가 잦다. 남들처럼 시간대별로 일정을 정리한다든지 볼거리와 먹을거리까지 포함된 세세한 루트를 미리 정해놓는다든지 할 마음의 여유 따위는 언제나 없다.

떠날 날짜가 임박하면 불안감이 엄습해 두려움 가득 머금고 마지못해 책장을 펼친다. 5분도 채 지나지 않아 그대로 엎어져서 잠이 들어버리고 말지만. 어차피 공부에는 소질이 없어서 몸소 겪어보기 전에는 아무리 읽고 또 읽어봐야 머릿속에 남는 게 거의 없다. 오히려 급할 때 벼락치기로 부랴부랴 책을 들춰볼 때가 머릿속에 쏙쏙 들어온다. 비행기 안에서라도 가이드북을 살펴봐야겠다는 생각으로 탑승하곤 하는데 늘 마음뿐이다. 프라하로 향하는 10시간 50분의 비행 중에도 예상은 빗나가지 않았다. 책은 위탁 수화물로 날름 보내버리고 몸만 홀가분하게 올라타 달게 자는 잠으로 대부분의 시간을 보냈다.

준비는 설렁설렁, 얼렁뚱땅 넘어가곤 하지만 나름 비장의 무기가 있다. 어느 나라를 가든 인사말과 고맙다는 표현 정도는 현지어로 반드시 외운다. 입에 착 달라붙게 몇 번이고 소리 내어 익힌다. 첫 만남에서의 인사와 감사의 표시만큼은 현지어로 말하려 애쓴다.

머나먼 나라에서 온 동양인 여자가 허술하고 엉성한 발음으로 "도브리 덴(Dobrý den, 안녕하세요)", "제꾸이(Děkuji, 고맙습니다)"를 더듬더듬 외치는 모습을 그려보자. 험상궂은 표정의 아저씨도, 쌀쌀맞은 얼굴을 한 아가씨도, 무뚝뚝하고 냉랭한 인상을 풍겼던 프라하 사람들 역시 인사 한 마디에 하나같이 웃는 얼굴이 된다. 누구든 활짝 미소 짓게 만드는 마법 같은 말! 인사만 잘해도 반은 먹고 들어간다.

Part 2.

또 다른 일상으로

세월을 팝니다

클래식한 멋을 격하게 아끼는 파리지앵의 취향이 녹아있는 방브 벼룩시장. 기대와 조금은 같고 조금은 달랐다. 중고지만 빨간 천 위에 드문드문 올려놓아 값이 나가 보이는 물건이 있는가 하면 아무렇게나 닥치는 대로 팔겠다는 심산인 듯 박스째로 두거나 대충 쌓아놓고 파는 좌판도 있었다. 주인은 별다른 선별 절차 없이 가지고 나온 물건들을 한 아름 펼쳐 놓았다.

핑크색 셔츠를 입은 할아버지의 경쾌한 오르간 연주. 파이프 담뱃대를 문 빈티지 옷가게 주인장. 지나간 세월과 지금의 시간이 공존하는 느낌이다.

장터는 누군가의 손때가 탄 물건을 주로 취급했다. 규모는 크지 않았지만 거래되는 품목의 가능성은 끝이 없어 보였다. 왕정시대에 썼을 법한 사치스러운 촛대, 한 땀 한 땀 손으로 만든 공예품, 오래된 종잇장 냄새를 폴폴 풍기는 헌책, 케케묵은 고지도, 요염한 포즈의 여인이 담긴 누드화, 파리의 옛 모습이 엿보이는 엽서 등 다양한 물건이 오갔다.

벼룩시장이라는 타이틀에 걸맞게 벼룩이 들끓을 것처럼 낡은 물건도 팔았다. 꼬질꼬질 때가 끼어 엄지와 검지로 살짝 집어도 찝찝한 기분을 떨치기 어려운 소품도 가리지 않았다. 이런 걸 도대체 누가 사갈지 의문을 지울 수 없었는데 누군가의 침대 머리맡이나 어느 레스토랑의 선반 위에 장식품으로 쓰일 거라 생각하니 퍽 괜찮은 그림이 그려졌다.

고르는 사람들의 태도는 한결같이 신중하다. 물건을 오랫동안 뚫어지게 바라보고 만지작거리며 들었다 놓기를 되풀이한다. 물건들이 겪어온 세월을 짚어볼 요량인 건가. 나도 그 틈을 비집고 당차게 머리를 들이밀었다. 흙더미 속에서 진주를 찾고야 말겠다는 강한 의지를 불태우면서.

Plantains

주인과 주거니 받거니 옥신각신 흥정을 벌인 끝에 평생 기억될 나만의 기념품 세 가지를 손에 넣었다. 하나는 익살맞은 얼굴의 와인 마개. 다른 하나는 고유한 취향이 밴 고풍스러운 찻잔과 접시들. 금색을 입힌 액자도 몇 개 샀다. 마냥 행복했던 여행의 시간을 담아두면 좋을 것 같아서. 세상에 단 하나뿐인 내 물건. 그 물건이 보내온 시간까지 함께 사는 것 같아 더 각별하다.

파리의 재래시장

어느 도시든 낯선 여행지에 도착하면 시장 먼저 찾는다. 파리에 도착해 제일 먼저 발 들인 곳도 시장이다. 시장에는 삶이 녹아있다. 깊고 그윽한 그 나라의 정서가 곳곳에 스며있다. 한 바퀴 둘러보고 나면 굳이 책장을 뒤적거리지 않아도 그들이 무엇을 먹고 사는지 한눈에 읽힌다. 대략적인 물가를 가늠해볼 수 있는 건 덤.

우선 싱그러운 채소가게부터 살폈다. 색색의 파프리카, 단단한 양파, 작고 통통한 가지, 반질반질 윤이 나는 아스파라거스, 꽃다발처럼 화사한 콜리플라워. 가지각색의 채소들을 커

PARIS
SPRING

MOUTIER

다란 바구니에 모았더니 한 아름의 꽃처럼 고왔다. 상추와 치커리는 포기째 뽑아 깔끔하게 세척한 뒤 통째로 내놓는다. 평소 즐겨먹던 식재료가 많았지만 멀게 느껴지는 것들도 있었다. 투박한 겉모양과 다르게 속살이 아주 연했던 아티초크, 속이 진한 주황빛을 띠는 조롱박 모양의 버터넛, 연하고 아삭한 껍질을 그대로 먹는 껍질콩. 파리에 온 것이 실감났다. 새로운 식재료를 발견하는 즐거움이 있었다.

다음은 과일가게에 들렀다. 달콤한 과일 향에 입꼬리가 절로 올라갔다. 과일을 탐스러워 보이도록 진열하는 데 남다른 센스를 가진 시장 상인들의 재주가 돋보였다. 귤, 서양배, 라즈베리, 살구, 사과, 딸기, 멜론, 파인애플, 키위 등 계절마다 다채로운 과일이 놓였다. 종종 사다 먹은 과일은 검붉게 익어 탐스럽고 탱글탱글한 포도, 손으로 꾹 눌러놓은 듯한 납작복숭아, 보기 좋게 살이 오른 무화과다. 채소를 대충 찢어 넣고 무화과를 숭덩숭덩 썰어 넣으면 가벼운 아침식사로 좋은 샐러드가 뚝딱 완성됐다. 들어가는 거라고는 약간의 올리브유가 고작인데도 그렇게 신선하고 맛있을 수가 없었다.

생선가게의 물고기는 한국과 확연히 다른 종류였다. 미

끈한 생선 한 마리를 통째로 팔기도 하고 뼈를 싹 걷어낸 뒤 먹기 좋게 살만 발라서 팔기도 했다. 요염한 자세, 불만 가득한 표정으로 노려보는 생선에 기가 죽어 얼른 고개를 돌렸다. 접시에 오른 도미나 대구 따위의 생선구이, 부야베스 속에 숨어있는 뽀얀 살은 달갑지만 살았든 죽었든 물고기와 눈을 마주치는 일은 쉽지 않았다.

정육점에는 염장한 생햄이 주렁주렁 걸려있었다. 얇게 썬 햄을 건네받아 입에 넣고 오물오물 씹었다가 얼굴이 붉으락푸르락 해졌다. 생햄 특유의 비릿함이 내 입맛을 떨어뜨리고 말았다. 마음 같아서는 퉤퉤! 뱉어버리고 싶었지만 준 사람의 성의를 생각해 눈을 질끈 감고 꿀꺽 삼켰다. 유럽에 가면 수시로 생햄에 도전하는데 아무리 생각해도 이건 내가 극복할 수 있는 맛이 아니다. 이제 생햄과는 영영 선을 긋기로. 순대처럼 돌돌 말아놓은 소시지는 원하는 만큼 잘라주었다. 주인장이 소시지에 칼을 대고 "이만큼?" 했을 때 고개를 끄떡이니 소시지 허리가 댕강 잘렸다.

시장 구경의 마지막 코스는 쿰쿰한 향 가득한 프로마주리(치즈 상점). 주먹 크기보다 작은 치즈를 덩어리째 사거나 큼지

막한 치즈의 일부를 썰어서 가져간다. 인심 좋은 프로마주리의 콧수염 아저씨가 "치즈는 먹어봐야 안다"며 여러 가지 치즈를 맛보여 주었다. 에멘탈, 고다, 캉탈, 카망베르, 브리, 콩테 치즈는 무난하게 먹을 수 있었다. 감당할 수 있는 수준이었다. 한 번은 괜한 도전 정신을 발휘해 꼬리꼬리한 향의 치즈를 집어 들었다가 고약한 냄새에 질려 입도 못 댄 채 버렸다. 냄새의 주인공은 에푸아스와 푸른 곰팡이가 가득한 블뢰 도베르뉴.

파리에서 지낸 넉 달 동안 채소와 과일은 주로 시장에서 샀다. 한 번에 다 살 수 있는 마트가 일상 깊숙이 파고들었지만 신선한 제철 식재료를 구하기엔 역시 시장만 한 데가 없다. 사람 냄새 물씬 풍기는 파리의 재래시장. 작지만 오래 머물고 싶었다.

여행지와 친해지기

"여행은 살아보는 거야!"라고 외치는 에어비앤비 광고를 본 적 있는지. 파리를 가이드북만 따라다니며 구경하지 말고, 직접 살아보라고 제안한다. 에어비앤비를 이용하면 낯선 여행지에 아늑한 우리 집이 생긴다. 마천루 속 고층 오피스텔, 나무가 우거진 숲속 오두막, 청정한 바다 앞 그림 같은 집, 바람 부는 언덕 위 단독 주택, 이름난 작가의 집, 오랜 역사가 깃든 대저택, 물 위에 떠있는 하우스 보트, 마법의 성 같은 고성까지. 비슷비슷하게 꾸며진 호텔이 아닌 그 나라의 색깔과 집주인의 개성이 잔뜩 묻어나는 숙소에 머무는 것, 그들이 사는 방식으로 살아보는 것만으로도 색다른 여행이 된다.

오랜 시간 지낼 거처를 정할 때 에어비앤비는 늘 최상의 조건을 내민다. 로비와 복도에 지켜보는 눈이 없어 드나들기 편하고 부엌 살림이 갖춰진 주방이 있어서 요리하기도 좋다. 밀린 빨래는 세탁기에 몽땅 집어넣어 단번에 해치운다. 한 집에 진득하게 머무는 것도 익숙해지는 맛이 있지만 일주일에 한 번씩은 집을 옮겼다. 다른 동네에 살아보고 싶은 마음이 컸고 일주일쯤 지나면 대대적인 청소를 해야 하니까. 주섬주섬 짐을 꾸려 이사하는 것으로 교묘하게 대청소를 피해 갔다. 집에서도 잘 안 하는 청소를 남의 집에서 그것도 여행 중에 하려니 어딘가 찜찜하고 억울했다.

에어비앤비 '덕후'라 100여 개 도시를 에어비앤비로 여행했다. '잘 찾아갈 수 있을까?', '집주인과 연락이 닿지 않으면 어떻게 하지?', '설마 사진에 속은 건 아니겠지?' 기우에 지나지 않았던 걱정들은 곧 설렘과 두근거림으로 바뀌었다. 호스트와 이야기를 나누다 보면 책 속에는 없는 생생한 정보가 한 움큼 쏟아져 나왔다. 여행지와 친해지는 가장 빠르고 쉬운 방법, 내겐 에어비앤비가 답이었다. 이방인과 현지인의 경계를 넘나드는 묘한 여행의 출발점.

집을 고르는 데는 도가 텄다. 집을 소개하는 짤막한 글과 사진, 스쳐간 게스트의 후기를 쓱 훑어보면 어느 정도 감이 잡혔다. 도무지 포기가 안 되는 나만의 조건도 몇 가지 생겼다. 첫째로 꼽는 건 자연광이 끝내주는 환한 집이다. 둘째로, 엎어지면 코 닿을 데 지하철역이나 버스정류장이 보여야 한다. 지극히 개인적인 취향이 스며있는 인테리어라면 더 바랄 게 없다. 어떤 날은 노트북을 펼쳐놓고 키보드를 두드려야 하니 귀퉁이에 책상이 놓여있으면 점수를 후하게 쳤다. 모던한 호텔에는 없는 사람 냄새로 가득한 집에 마음이 기울었다. 모든 것을 갖춰도 세탁기가 없으면 묻지도 따지지도 않고 탈락. 다른 건 어떻든 아무래도 좋았다.

에어비앤비에는 거스를 수 없는 치명적인 단점이 하나 있다. 좋은 집에 머물면 나가기가 싫어진다는 점. 엉덩이가 천 근만근 무거워지고 접착제가 들러붙은 것처럼 몸과 소파가 한 몸이 된다. 보드라운 이불에 얼굴을 파묻고 뒹굴뒹굴하고 싶어지는 나날이 계속되었다.

집주인의 개성이
잔뜩 묻어나는 숙소에 머무는 것.
그들이 사는 방식으로 살아보는 것만으로도
색다른 여행이 된다.

인간적인

너무나

인간적인

그리 낭만적인 서점은 아니지만 한때 서점 직원이었다. '지성인의 문화 공간' 교보문고 광화문점이 나의 첫 직장이다. 고백하건대 서점에 취업하게 된 건 우연이었다. 별로 친하지 않았던 친구가 교보문고에 입사지원서를 냈다는 말을 듣고 '그럼 나도 한 번?' 하고 가벼운 생각으로 따라갔다가 덜컥 합격 통지서를 받아들었다. 책과 담 쌓고 지냈던 내가 본격적으로 책을 읽기 시작한 건 이 무렵부터. 책방의 공기가 좋았고 손가락 끝에 느껴지는 종이의 촉감이 좋았다. 오픈 전 아무도 없어서 적막이 흐르는 텅 빈 서점을 사랑했다.

오랜만이었다. 깊게 들이마시는 책 냄새. 센 강변의 고서점 '셰익스피어 앤 컴퍼니'는 숨겨진 다락방 같았다. 대형 서점보다 운치 있는 모습에 홀랑 반해 책장 사이로 난 좁은 길을 미로처럼 헤집고 다녔다.

1919년에 오데옹 거리에 문을 열었다가 1950년대에 들어 지금의 자리로 옮긴 이 서점은 배고픔을 면치 못했던 예술가들의 아지트 노릇을 톡톡히 해냈다. 노벨문학상을 거머쥔 어니스트 헤밍웨이, 『위대한 개츠비』를 쓴 스콧 피츠제럴드, 미국의 소설가 거트루드 스타인 같은 대문호들이 이곳을 거쳐 갔다.

셰익스피어 앤 컴퍼니는 서점이자 작업실이었고 가난한 지식인들에게 책을 빌려주기도 했으며 영업을 마치고 밤이 내리면 오갈 데 없는 창작자들이 몸 뉠 수 있도록 잠자리를 내주었다. 몽상가에겐 동경을 샀고 예술가에겐 영감을 불러일으키는 안식처였다.

책방 안 좁은 문, 머리 위에 이런 문구가 적혀 있다.

"Be not inhospitable to strangers, lest they be angels in disguise(**낯선 사람들을 냉대하지 말라. 그들은 변장한 천사일지 모르니**)."

언젠가 인간미 넘치는 서점 주인이 되어보고 싶다는 작은 꿈 하나 품어본다.

WHILE THY BOOKE DOTH LIVE
AND WE HAVE WITS TO READ
AND PRAISE TO GIVE
THOU ART ALIVE STILL

BE NOT INHOSPITABLE TO STRANGERS
LEST THEY BE ANGELS IN DISGUISE
FAVOURITE POEMS OF

반짝반짝 빛나는

매시간 정시 에펠탑에 조명이 켜질 무렵이면 사람들은 에펠탑을 향해 우르르 몰려간다. 가까이 더 가까이 다가갈수록 에펠탑이 잘 보이지 않는다는 걸 알고 있는지? 에펠탑을 '몹쓸 고철 덩어리'로 흉물스럽게 여겼던 프랑스의 작가 모파상은 이 건축물이 너무 싫은 나머지 에펠탑이 보이지 않는 탑 아래서 종종 끼니를 때웠다. 그의 단편소설 『방랑생활』에 에펠탑에 대한 악감정이 고스란히 드러나 있다.

에펠탑은 1889년 국제 박람회와 혁명 100주년을 기념하기 위해 세운 탑이다. 뉴욕의 엠파이어 스테이트 빌딩이 서기 전에는 세계에서 가장 높은 건축물이었다. 파리 시민들은 이 철골 구조가 무너져 내리지 않을까 염려했고 도시 경관을 해칠 거라며 우려의 목소리를 높였다. 특히 작가, 화가, 조각가 등 예술인들의 반대가 격렬했다. 강력히 철거를 요구한 끝에 20년 뒤인 1909년에 없애겠다는 약속을 받아냈지만 송신탑이 추가되며 수포로 돌아갔다.

타박타박 걸어 집으로 돌아가는 길. 나무의 실루엣 너머로 에펠탑이 보이던 짙은 밤을 잊지 못한다. 요란하게 반짝거리는 에펠탑 야경이 이렇게 예뻤던가? 적어도 일주일에 서너 번씩은 보는데 새삼스럽게 예뻐 보였다. 산란한 빛의 움직임을 가만히 서서 응시했다.

엉뚱한 상상을 해보았다. 에펠탑을 뽑아다 서울 도심 한복판으로 옮겨보았다. 뉴욕으로 옮겨보고 카사블랑카로도 옮겨보고 밤빛 지지 않는 홍콩에도 갖다 놔봤다. 그 어디에도 에펠탑이 어울리는 도시는 없었다. 파리에 있어서 빛이 나는 것이었다. 에펠탑이 어울리는 유일한 도시는 파리뿐.

휴일 오후의 한적함을 닮은 베르갈랑 공원

파리를 여행한 사람이라면 분명 한 번쯤 지나쳤을 법한데 이곳이 어딘지 인지하는 사람은 그리 많지 않다. 시테섬 끝에 톡 튀어나온 삼각형의 광장, '베르갈랑 공원'. 가는 길이 은근히 까다로워서(강을 헤엄쳐갈 게 아니라면 일단 퐁네프로 간다. 앙리 4세 기마상 뒤쪽의 작은 광장 귀퉁이, 아래로 향하는 수상한 계단이 있다) 여행자보다 파리지앵이 주로 머문다.

산책길에 우연히 베르갈랑 공원을 알게 된 후 특유의 한적함이 좋아서 종종 찾았다. 나의 페이보릿 공원. 공원 끄트머리까지 저벅저벅 걸어가 축 늘어진 버드나무 아래 걸터앉는다.

한 발자국만 더 내디디면 강에 풍덩 빠지고 마는 아슬아슬한 끝자락 즈음에. 어느 날은 나무 그늘에 누워 낮잠을 청하고 어떤 날은 와인을 한 모금 마시며 나른한 오후를 보냈다. 한동안 멍하니 강을 바라보던 여인은 외로움과 고독을 즐겼고, 기타를 둘러맨 털북숭이 아저씨는 절절한 노랫가락을 흥얼거렸다. 각자 저마다의 방식으로 공원을 누린다.

파리에서 수년을 보낸 헤밍웨이도 이 공원을 아꼈다. 맑은 날이면 포도주 한 병과 빵 한 조각, 소시지를 챙겨서 강변으로 나가 햇볕을 쬐면서 책을 읽었다는 그. 이 달콤한 시간은 겪어본 사람만 안다. 평온함에 사로잡혀 시간이 어떻게 흐르는지 알 수 없을 만큼. 아니 알고 싶지 않을 만큼 행복에 겹다.

생애
가장 아찔했던
기억

기차를 타고 가다가 나무 아래서 전화를 받으며 똥까지 누는 바쁜 사내를 보았다. 사정이 급했는지 버스 옆에 바짝 달라붙어 쪼그리고 앉아서 볼일을 보던 아주머니도 목격했다. 물론 대자연 속에서 볼일을 보는 그들이 이상하다는 것은 절대 아니다. 다만 태어나서 줄곧 도시에서만 살아온 내가 그렇게 될 줄은 꿈에도 몰랐다.

지금부터 여행 중 가장 아찔했던 순간에 대한 이야기를 털어놓을까 한다. 때는 2008년 4월 9일 아침, 델리를 떠난 버스는 북인도의 산간 지역 마날리로 향하고 있었다. 전날 해 질 무렵 버스를 타면 다음 날 이른 아침엔 너끈히 도착할 거라던 버스는 도무지 멈출 생각을 하지 않았다. 지난밤 10시쯤 허름한 휴게소에 잠시 차를 세웠던 것을 제외하면 버스는 밤낮없이 쉬지 않고 달려온 셈이었다.

아침잠에서 깨자마자 화장실에 가고 싶었다. 아직도 갈 길은 멀었다. 거친 산길을 수십 킬로미터나 더 가야 한다는 말에 기가 질려, 이내 드러누워 버렸다. 하늘이 노랗게 변하는 기이한 체험을 할 수 있었다. 버스가 돌부리에 걸려 덜컹하면 어김없이 위기가 찾아왔지만 안간힘을 다해 참을 수밖에. 도리가 없었다. 아무리 둘러봐도 화장실은 코빼기도 안 보였다. 인내의 힘은 위대했다. 다급해지고 나서도 무려 1시간을 더 참았으니!

참는 데도 한계가 있었다. 잔뜩 찌푸린 채 누렇게 뜬 얼굴. 말 한마디 할 수 없는 예민한 상태에 이르렀다. 오죽 급했으면 온몸의 살갗이 오그라들며 도톨도톨 닭살에 잔털까지 바짝 섰을까. 더는 견딜 수 없는 지경이 되어서야 가까스로 버스에서 탈출했다. 알고 보니 나와 같은 어려움을 겪는 사람이 몇 명 더 있었다.

그러나 다른 난관에 부딪혔다. 눈앞에 보이는 건 오로지 계곡뿐이었다. 화장실은 고사하고 몸을 숨길 만한 마땅한 장소가 눈에 띄지 않았다. 낯빛은 창백해지고 근심이 깊어졌다. 앞을 향해 앉으면 버스에 탄 사람들과 얼굴을 마주하게 될 테고 뒤를 향해 앉으면 엉덩이를 훤히 드러내야 할 판이었다. 나보다 더 긴박한 상황에 처한 게 틀림없는 사람들은 나를 앞서 내리더니 거침없이 앞을 선택했다. 앞, 뒤, 앞, 뒤, 앞, 뒤 그 짧은 순간에 얼마나 많은 고민을 했었는지. 결국 그들을 보고 앞으로 마음을 정했다. 하지만 아무리 생각해도 엄두가 나질 않았다. 버스 안에는 일행이었던 남정네(훗날 그는 내 남자친구가 되었다. 결국 헤어졌지만)도 있었다. 도시인의 탈을 쓴 채 맨정신으로 쉬이 바지를 내릴 순 없었다.

배를 움켜잡고 엉거주춤 뛰면서 두리번거렸더니 내 몸의 반의반도 가릴 수 없는 가느다란 나무 한 그루가 있었다. 그것도 감지덕지였다. 총총 뛰어가서 어설프게나마 몸을 숨기고 볼일을 보았다. 류시화 시인의 책에서나 보았던 일을 내가 당하다니 억장이 무너졌다. 버스를 가득 채운 승객들과 운전사, 차장 모두 내 엉덩이를 제대로 구경했을 터였다.

무탈하게 돌아온 나에게 일행은 "사람들이 창문에 매달려 구경하느라 버스가 기울었었다"라고 말해 비수를 꽂았다. 민망함은 이루 말할 수 없지만, 어찌나 상쾌하던지. 얼마나 다행이었는지. 벌건 대낮 다 큰 어른이 길에서 실례를 범한 일은 부끄럽기 짝이 없다. 알량한 자부심 하나를 가져보자면 소름이 돋을 정도로 절박한 상황에서도 나는 도시인임을 잊지 않았다.

호이안의 아침

호이안에서는 정해진 일정 없이 마음이 이끄는 대로 다녔다. 시간이 멈춰있는 동네 속, 빛바랜 건물 사이사이를 발길 닿는 대로 걷겠다는 게 그날의 유일한 계획이었다. 아침 일찍 눈이 떠졌다. 오전 7시, 어슬렁거리며 동네 한 바퀴를 걸었다. 활기찬 호이안의 아침이 열렸다.

호이안은 등불이 켜지는 밤이 아름답다고들 하지만, 진면목은 아침녘에 드러난다. 관광객이 거리를 가득 메우기 전 한적한 호이안 구시가지의 풍경. 국제무역항으로 번성했던 호시절의 영광은 사라지고 노란 옷을 차려입은 가게들이 여행자를 반긴

다. 끝이 뾰족하게 솟은 베트남 모자를 뒤집어쓰고 빗자루를 들고나와 집 앞을 부지런히 쓸어내는 아줌마. 덩치에 비해 작아 보이는 목욕탕 의자에 삼삼오오 모여 앉아 모닝커피를 즐기는 팔자 늘어진 아저씨들. 화려했던 어젯밤과 달리 한적하고 평화로웠다. 조용하고 차분한 아침 시간의 여유를 온전히 누렸다.

아침 일찍부터 햇볕이 따갑다. 등줄기를 타고 땀이 흥건하게 흐르기 시작하면 꽃분홍 부겐빌레아 그늘에 앉아 카페 쓰어다(연유 커피)를 마신다.

혹독하게 더웠는데, 조금은 힘들었던 기억인데 이상하지? 호이안이 자꾸 생각난다. 낯선 공기가 맴돌던 이른 아침의 잔잔했던 시간이, 아침에만 볼 수 있던 소소한 풍경이. 그런 아침이 참 좋았다.

지금

이 순간이

가장 소중해

모로코 카사블랑카의 카페에 할 일 없는 사람처럼 우두커니 앉아 있다가 '여행하면서 가장 소중한 게 무엇일까?' 이런 생각에 잠긴 적이 있다. 곰곰이 생각해봤다. 여행하는 데 반드시 필요한 것, 없으면 안 되는 것은 무엇이 있을까?

단번에 머릿속을 스친 건 여권이었다. 다른 건 몰라도 신분을 증명하는 여권이 없으면 상당히 곤란해진다. 그다음에 꼬리를 문 건 돈이었다. 용감무쌍하게 무전여행을 감행하는 사람이 드물게 있긴 하나 적든 많든 현실적으로 돈 없이 여행하는 건 그리 쉬운 일이 아니다. '그럼 돈과 여권이 가장 소중한 걸까?' 즉시 고개를 가로저었다. 분명 그보다 값진 게 있었다. 바로 시간.

귀찮고 성가신 게 흠이지만 잃어버린 여권은 다시 만들 수 있고 속이야 쓰리겠지만 당장 써야 할 돈은 현금인출기에서 출금하면 되니 문제 될 게 없다. 그런데 흘러간 시간은 어떤 수단과 방법을 동원해도 되찾을 수가 없다. 여행에서 가장 소중한 건 역시 내게 주어진 고마운 시간.

영화 〈벤자민 버튼의 시간은 거꾸로 간다〉에서는 시간이 반대로 흐르기도 하는데 그건 어디까지나 영화라서 가능한 이야기다. 한 번 지나간 시간은 되돌아오는 법이 없다. 공기가 없으면 당장 죽는데도 공기의 소중함을 모르고 사는 것처럼 시간도 그렇다. 서른이 되면 치기 어렸던 이십 대의 나날을, 마흔이 되면 뭐든 꿈꿀 수 있었던 삼십 대의 시절을 아쉬워하면서도 지금 이 순간의 귀함은 곧잘 잊고 지낸다.

Le cœur
n'a pas de rides.
LIFE
Duesseldorf
Photo
Weekend
2015

○

타박타박 제주 삼달리 산책

2012년, 두 번째 책 『버스타고 제주여행』 작업을 위해 제주로 내려갔다. 사실대로 말하자면 책은 핑계고 제주에 살아보고 싶었다. 행정구역이 '리'인 곳에서 지낸 건 난생처음이었다. 20분을 꼬박 걸어가면 나오는 김영갑 갤러리를 포함해 소박한 갤러리 몇 개가 전부였던 조용한 마을 삼달리. 그동안 살던 동네와는 영 딴 세상 같았다. 제주의 민낯과 부대끼는 기분이랄까. 매우 조용하고 몹시 한적하고 대단히 한가로운 마을이었다. 아침이면 지저귀는 새소리, 눈부신 햇살에 잠에서 깼다. 동화에서나 나올 법한 이야기지만 사실이다. 낮은 돌담 따라, 산들산들 부는 바람 따라 산책하기 좋은 동네.

5월쯤이면 삼달리에는 귤꽃이 흐드러지게 핀다. 귤꽃향기가 은은하게 퍼진다. 귤은 손이 노래지도록 삼킬 줄만 알았지 꽃을 본 건 처음이다. 귤꽃은 흰색이구나. 귤꽃이 이렇게 작고 예뻤구나. 새삼스럽게 꽃이 어여쁘다는 걸 느낀다.

게스트하우스에 딸린 카페에 드러누워 있으면 통유리 너머로 뭉게뭉게 구름이 유유자적 흘러간다. 나무가 세찬 바람에 이리저리 흔들리는 광경이 이어진다. 해 질 무렵이 되면 별이 더욱 짙어진다. 더 농밀하고, 더 환하게. 창밖으로 또렷하게 보이는 계절을 온전히 만끽한다.

어쩌다 한 대 지나가는 차 소리에 눈이 돌아간다. 마을은 한산하다. 고립은 아니다. 마을 안쪽까지 들어오는 읍면순환 버스가 있으니까. 하루 일곱 대가 집 앞을 지나간다. 버스를 기다리고 있으면 정류장에 나온 할망들이 한마디씩 거든다. 여긴 왜 왔느냐고, 다 큰 처자가 시집은 안 가고 여기서 무얼 하느냐고.

뒤뜰에 가면 조그만 땅에 상추, 파, 고추, 토마토 같은 채소가 잔뜩 심어져있다. 새삼 자연의 신비와 감동이 밀려든다. 인내심을 갖고 천천히 바라봐주면 싹이 나오고 쑥쑥 자라나 열매

를 맺는다. 도시에서는 좀처럼 겪을 수 없었던 순수한 아름다움이다. 텃밭에서 자연과 더불어 사는 삶의 즐거움을 얕게 맛본다.

귀가 귀엽게 접힌 이웃집 똥개와 친구가 되었다. 처음 만났을 때는 그렇게 짖어대더니 인적 드문 마을에서 날마다 얼굴을 비추는 내가 반가운 모양이었다. 마주칠 때마다 굵은 꼬리를 연신 흔들어댄다. 하도 격렬하게 반응해서 옷에 발 도장을 찍지 않으려고 피해 다니느라 혼났다. 옷을 버리지 않고 머리 한 번 쓰다듬어주는 데까지 한참이 걸렸다.

길가에 핀 이름 모를 꽃이 애틋하다. 키 작은 풀이 토끼처럼 꼬물꼬물 붙어 앉은 걸 보고도 배시시 웃음이 난다. 생명이 있는 풀을 꺾는 것은 잘못된 일이지만, 토끼풀 두 개를 꺾고 목에 구멍을 내 엮어서 팔찌도 만들고 반지도 만들며 놀았던 옛 기억이 새록새록 떠오른다. 나무도 더불어 산다. 도시처럼 관상용에 그치지 않고 벌레와 오순도순 어울려 지낸다.

삼달리는 그런 곳이다. 마을을 타박타박 걷고 있으면 단지 산다는 것만으로는 불충분하다는 걸 몸이 안다. 햇빛도 있고 자유도 있고 꽃도 있어야지. 그래야 사람 사는 거지.

빈대 습격 사건

흡사 감옥 같은 시설이었다. 삐거덕거리는 침대와 너덜너덜 낡아빠진 침대 커버. 그게 전부였다. 침대가 놓인 공간을 제외하면 남는 공간이 거의 없다시피 해서 옴짝달싹할 수 없이 갑갑했다. 독립된 공간이라는 게 유일무이한 장점이었다. 아슬아슬하게 매달려 비실비실 돌고 있는 선풍기가 있었지만 습한 기운은 가시지 않았다. 끈적끈적한 콜카타의 날씨. 간밤에 문을 닫고 잠에 들었다가는 아침에 녹아있을지도 모른다는 불길한 예감이 엄습했다. 결정적으로 이 방을 포기하게 만든 건 얼핏 스친 벽의 낙서였다(덕분이라고 하는 게 적절할지도). "여기가 생지옥이다"라고 적힌 글이 마음에 쿡 박혔다. 열댓 명이 한방에 머무는 도미토리도 둘러봤으나 도무지 그곳에서 잠을 청할 엄두는 나지 않았다. 그 방에 머물던 누군가가 마약에 절은 채 죽어 나갔다는 소문이 공공연하게 돌고 있었다.

하는 수 없이 다른 숙소를 찾아보기로 하고 다시 묵직한 배낭을 둘러맸다. 점찍어둔 다음 게스트하우스는 200미터쯤 되는 거리에 있었다. 물리적인 거리는 가까웠지만 상상 이상으로 낙후된 숙소를 둘러보고 나니 영혼까지 탈탈 털린 기분이어서 마음의 거리는 한없이 멀게 느껴졌다. 기운 없이 터덜터덜, 마지못해 걸었다.

입구에 들어서자 친절한 주인이 버선발로 나와 반겨주었는데 마침 보고 싶었던 장면이 거짓말처럼 눈앞에 펼쳐졌다. 세탁을 갓 마친 새하얀 시트 더미를 양손에 한가득 안고 객실로 향하는 직원의 모습이라니! 뽀송뽀송 잘 마른 침구를 탁탁 털어 침대 매트리스에 씌우고 이쪽 저쪽 잡아당겨 구김 없이 단장했다. 긴장이 탁 풀어지며 마음이 놓였다. 그럭저럭 깔끔해 보이는 방을 대충 살피고는 여기 묵겠다고 못을 박았다. 감옥 같은 이전 숙소를 벗어나 발품 팔길 잘했다며 스스로를 칭찬했다. 그렇게 차츰 밤이 깊어갔고 평화로운 밤을 맞이했다. 팔에 부풀어

오른 빨간 자국을 목격하기 전까지는. 처음에는 모기의 흔적이라고 믿어 의심치 않았다. 여름이었고 시도 때도 없이 주둥이를 꽂아대는 모기가 활개를 쳤다. 여느 때처럼 봉긋하게 솟아오른 피부 위에 손톱을 갖다 대고 꾹꾹 힘껏 눌러 열십자 모양을 그렸다. 모기를 모조리 잡아 없애겠다고 공연히 헛손질을 하기도 했다. 모기가 아님을 직감한 건 그로부터 몇 분 후. 온몸이 근질근질 가려웠다. 하나였던 붉은 자국은 순식간에 수십 개로 불어났다. 점과 점이 모여 선을 이루는 지경에 이르렀다. 재봉틀이 지나간 듯 디닥다닥 촘촘하게 물렸다. 불안한 마음에 24시간 운영하는 약국으로 한달음에 뛰어가 바르는 약을 샀고 그것만으로는 심적 안정을 얻을 수가 없어서 먹는 약도 청했다. 울기 직전의 얼굴로 숙소 주인을 찾아갔다. "안됐다"는 말과 함께 흔쾌히 방을 바꿔주었지만 조금도 위로가 되지 않았다.

빈대가 물고 지나간 자리는 정말이지 참을 수 없이 가렵다. 몇 번 긁적긁적 하고 마는 모기 물린 자리와는 차원이 다르다. 극심한 가려움에 뜬눈으로 밤을 지새울 정도니 더 말해 무엇하랴. 상처는 점점 붉게 변해가고 퉁퉁 부어 흉측해진다. 보는 것만으로도 털이 쭈뼛 서고 살갗에 소름이 돋을 만큼 징그럽다. 이 글을 끼적이는 내내 당시의 악몽이 떠올라서 온몸을 벅

벅 긁어댔다. 나중에 알게 된 사실인데 그 게스트하우스는 빈대의 왕국으로 이름나 있었다. 창문이 없는 방, 잦은 비, 여행자의 땀이 배어 늘 축축하게 젖어있다시피 한 매트리스. 어두컴컴하고 습한 환경을 좋아하는 빈대가 살기엔 최적의 조건이었다.

악랄한 빈대를 물리치려면 빈대가 없는 방으로 옮기는 게 우선이다. 빈대와의 전쟁을 선포하고 창문으로 볕이 환하게 드는 방이 있다면 무조건 옮기고 보자. 빈대로부터 벗어나는 데는 쨍쨍한 햇빛에 뒹구는 게 특효약이다. 화상을 입지 않을 정도의 뜨거운 물도 어느 정도 효과를 볼 수 있다. 완벽한 퇴치를 위해 빈대가 있던 방에 놓였던 옷가지와 가방, 신발까지 몽땅 챙겨서 햇빛에 널어놓는 것도 잊지 말 것!

하노이에서 무사히 길을 건너는 법

하노이에서는 때때로 목숨의 위태로움을 느꼈다. 씽씽 달리는 거리의 무법자 오토바이 무리의 드센 기운에 여행 내내 짓눌려있었다. 상식적으로는 횡단보도를 찾아 신호등에 초록색 불이 밝혀지길 기다리기만 하면 된다. 허나 이 당연한 상식이 하노이에서는 전혀 통하지 않았다.

하노이의 거리는 보행자 중심이 아니라 오토바이 중심으로 돌아간다. 횡단보도 위를 걷든 무단횡단이든, 신호등이 빨간색이든 초록색이든 무관하게 오토바이는 움직인다. 길을 건너기 위해서는 마음을 다잡고 심호흡부터 해야 한다. 갈까 말까

눈치 게임하듯이 움찔하기 일쑤였고 가끔은 유치원생처럼 손을 번쩍 들어 보행자임을 직접적으로 알렸다. 가끔은 애절한 눈빛으로 운전자를 바라보기도 했다. 살기 위해서, 살고 싶어서.

하노이에서 길을 무사히 건너는 방법은 이렇다. 눈동자를 이리저리 굴리며 적당한 때를 노린다. 약간의 빈틈이 생기는 순간 용기를 내서 과감하게 한 발을 내딛는다. 그러고는 같은 속도를 유지하며 쭉 걷는다. 장수하고 싶다면 사납게 울리는 빵빵 소리 따윈 상관 말고 모른 척 걸어가라. 오토바이가 옆구리를 향해 돌진할 태세로 달려오더라도 이를 악물고 꿋꿋하게,

UBER

덜컥 겁먹지 않는 게 포인트다. 그러면 멈출 기미를 보이지 않던 오토바이가 알아서 속도를 줄이고 요리조리 잘도 피해간다. 갑작스럽게 가던 길을 멈춰 서거나 빠른 속도로 뛰는 등의 돌발 행동은 금물.

이론은 깨우쳤지만 실전이 난관이었다. 하루, 이틀 그리고 일주일이 지나도 횡단보도 앞에만 서면 한없이 작아졌다. 가슴이 콩닥콩닥 뛰고 심장이 쫄깃해졌다. 수시로 울리는 경적에 깜짝깜짝 놀라는 증상도 가시지 않았다. 번번이 발을 디디려다 멈칫하고 움츠러들기를 반복하다 결국 옆 사람이 나타나 무덤덤하게 걸어가면 그 뒤에 바짝 붙어 쫄래쫄래 따라간 게 한두 번이 아니다. 시간이 흐르면 익숙해질 만도 한데, 하노이의 위협적인 오토바이에는 끝내 적응하지 못했다. 어쩌면 영영 그럴지도.

○

이해해요,
여긴
인도니까요

"이거 주세요."

"아, 이건 안 돼요."

"음, 그럼 이걸로 주세요."

"미안하지만 이것도 지금은 안 되는데요."

"그럼 도대체 뭐가 되는 거고 뭐가 안 되는 거죠?"

고르는 것마다 안 된다고 무심한 대답을 건네던 아미고스 카페. 미안한 기색을 눈곱만큼만 보였더라면 이렇게 당황스럽지 않았을 텐데 너무도 태연하게 '없다'고 이야기하는 그의 당당한 태도에 한 번, 가능한 메뉴가 거의 없는데도 카페 문을 활짝 열어놓은 근거 없는 자신감에 한 번 더 놀랐다.

스무고개하듯 하나하나 묻고 또 물어서 커피와 짜이를 주문했다. 웬만한 건 다 없다고 했지만 너그러이 이해할 수 있다. 여기는 인도니까.

사막의 화장실

모로코 사하라에서 며칠간 머문 이야기를 늘어놓다가 생각지도 못한 엉뚱한 질문을 받았다. "저…… 그럼, 화장실은 어떻게 하셨어요?" 그는 희미한 미소를 띠며 약간 민망한 표정을 지었다.

예상대로 사막에는 화장실이 없다. 반대로 주저앉는 모든 곳이 화장실이기도 하다. 광활한 사하라엔 눈에 보이는 생명체가 나를 포함해 모두 일곱이었다. 망망대해 같은 사막에서 길잡이 노릇을 하고 끼니도 챙겨주며 잠 잘 곳을 마련해주는 만능 낙타 몰이꾼 둘과 오직 사막을 보기 위해 모로코에 왔다는 현준이,

기다란 속눈썹을 휘날리며 눈을 껌뻑거리는 단봉낙타 세 마리. 주위는 온통 척박해 보이는 땅에 둘러싸여 있었다.

낙타들은 입이 무거워서 신경 쓰지 않았다. 부담스러울 만큼 뚫어져라 바라보긴 해도 좀처럼 본 것에 대해 이러쿵저러쿵 발설하는 법이 없었다. 뱃속에서 무언가가 탈출하겠다고 아우성치면 재빨리 세 사람의 위치를 파악했다. 그로부터 멀찌감치 떨어지면 화장실 문제가 간단히 해결되었다. 푹푹 빠지는 사막의 모래를 밟고 언덕을 두어 개쯤 넘어가야 어느 정도의 안정감도 얻을 수 있었다.

고양이처럼 손으로 모래를 퍼내 얕은 구덩이를 만든 다음, 그 위에 쪼그리고 앉아 볼일을 보았다. 대자연 속에서 맑은 공기를 마시며. 어찌 보면 반듯하게 짜인 네모난 틀에 갇힌 채 갖은 냄새 맡아가며 볼일을 보는 것보다, 사막의 고요함을 한껏 누리면서 항문에 집중하는 시간이 낫지 않겠나. 사막은 보이는 모든 공간이 화장실이다.

시작과 끝
혹은
끝과 시작

언뜻 봐서는 일몰인지 일출인지 알 길이 없다.
하루의 끝인 것 같기도 하고 시작인 것 같기도 하다.
시작과 끝의 경계는 언제나 모호하다.

밤이 되어 해가 저물고 차가운 새벽이 지나면
또다시 해가 얼굴을 내민다. 끝이 또 다른 시작인 셈이다.

우리는 죽음이 끝이라고 여긴다.
힌두교도는 우리와 다른 생각을 한다.
끊임없이 윤회하며 다시 살게 될 것이라 믿는다.

죽음이 곧 삶으로 이어진다.
그래서인지 인도에서 만난 사람들은 대체로 느긋했다.
무언가를 이루기 위해 전전긍긍하며 아옹다옹 경쟁하는
우리와는 조금 다른 삶의 태도를 갖고 있다.

이번 생에 이루지 못하면 다음 생에 이루면 된다.
셀 수 없이 많은 윤회를 거듭하며 이루어야 할 일들.
굳이 이번 생에 모두 이루려고 욕심낼 이유가 있을까?
내 삶의 속도대로 천천히 앞으로 나아가면 되는 것을.

홍시처럼 말캉하게 씹힐 것만 같은 바라나시의 노을.
하루의 마무리가 어쩌면 저리도 황홀하고 아름다운지.

○

겨울의
문턱에서

공원에 우두커니 앉아있는데 누가 꿀밤을 콕 먹이고 도망갔다.
“에잇! 누구야?” 버럭 화를 내며 가자미눈으로 흘겨보았다.
범인은 길쭉한 도토리 녀석. 데구루루.
혼날 게 걱정스러웠는지 저만치 굴러가 있었다.

기름지고 울창했던 마로니에도 열매를 죄다 떨어뜨리고
가벼워진 몸으로 겨울을 나기 위한 채비를 한다.
그러고 보니 센강 주변의 풍경이 아주 많이 달라졌다.
초록초록 싱그러웠던 때에 왔는데 이느새 나뭇잎이 곱게
옷을 갈아입었다. 울긋불긋 단풍이 한창이었다.
성질 급한 나무는 벌써 뼈마디를 드러냈다.

여행 마지막 날, 볕이 유난히 좋았다.
꼭 그렇더라.
내내 우중충하다가 얄밉게도 떠나는 날 날씨가 화창하더라.
오랜만에 온화하고 산뜻한 하루.
햇빛을 쬐러 나온 사람들로 몽소 공원이 북적거렸다.
스산한 나날 뒤 맑음이라 더 반가웠던.

파리의 겨울빛은 화사한 봄빛보다, 따사로운 가을볕보다 달다.

TOURS DE NOTRE DAME
AUX TOURS DE NOTRE DAME

여행도

주5일제

새가 우는 소리, 휘이잉 지나가는 바람 소리에 잠이 깼다.
숲속 신선한 공기가 방 안으로 밀려들어왔다.
차 한 잔 끓여 마실까 하다가 다시 이불 속으로 파고들었다.
머리끝부터 발끝까지 빠짐없이 이불을 뒤집어썼다.
다시 컴컴한 어둠이 드리운 한밤중이었으면 하고.

오늘은 아무것도 하지 않기로 했다.
요 며칠간 열심히 했던 여행에 잠시 쉼표를 찍었다.
여행도 주5일제. 몸도 마음도 쉬어가는 시간이 필요하니까.
하루쯤은 온전히 드러누워 빈둥빈둥 시간을 죽인다.

"여행마저 열심히 하지 마세요.
우리 너무 열심히 살고 있잖아요."

Part 3.

그날의 맛

아메리카노 대신 카페 알롱제

"Un café, s'il vous plaît(커피 한 잔 주세요)."

파리에서 그냥 커피를 주문하면 백이면 백 에스프레소가 테이블에 놓인다. 겨우 25~30밀리리터가량 되는 원액을 작은 에스프레소 잔에 담아낸다. 소주처럼 탁 털어 넣으면 끝나는 한 모금 거리. 스타벅스에서 받았던 풍성한 양의 아메리카노에 비하면 초라하기 그지없다. 에스프레소에 뜨거운 물을 잔뜩 부어 연하게 만든 미국식 아메리카노에 익숙해질 대로 익숙해진 우리에게 흙처럼 검은 에스프레소는 독극물과 별반 차이가 없다.

영화 〈바그다드 카페〉를 보면 유럽식 커피와 미국식 커피의 극명한 차이가 확연히 드러난다. 미국 캘리포니아 황량한 사막의 낡고 수상한 카페. 고장 난 기계를 대신해 노란 보온병 속에 담긴 진한 커피를 미국인에게 건네자 그는 오만상을 다 찌푸리며 내뱉는다. 입안의 쓴맛을 달래기 위해 물을 단숨에 들이켜면서 독극물이 아니냐고 핀잔을 준다. 뜨거운 물을 넉넉히 부어주자 그제야 생글생글 웃는다. "이제 좀 낫군!"이라면서.

유럽인에게 아메리카노는 커피 맛을 제대로 즐길 줄 모르는 사람들이나 찾는 커피다. 파리의 로컬 카페 메뉴에 아메리

CAFE
BISTRO... APERO... RESTO...

카노가 어깨를 나란히 할 수 없는 이유다. 습관처럼 아메리카노나 캐러멜 마키아토 같은 다디단 커피를 주문하면 비웃음을 사게 될 수도.

아메리카노가 사무치게 그리워지면 절충안으로 '카페 알롱제'를 골랐다. 이탈리아에서 '룽고'라고 부르는 그것. 에스프레소에 비해 긴 시간 동안 추출한다. 물과 만나는 시간이 길어 양이 두 배 이상 많다. 커피의 씁쓸한 맛은 고스란히 살린다. 따지자면 에스프레소에 조금 더 가깝지만 에스프레소와 아메리카노의 중간쯤 되는 맛이라 얼마간 아메리카노를 대체할 만한 커피로 제격이다.

태양이 뜨겁게 내리쬐는 낮이면 영락없이 벌컥벌컥 들이켤 수 있는 아이스 아메리카노 생각이 간절했지만 어쨌거나 다행이다. 카페 알롱제가 있어서.

○

프랑스는 진짜 동네 빵집도 맛있을까

파리 여행에서 돌아온 사람들은 하나같이 "파리는 동네 빵집도 맛있더라"라고 입이 마르도록 칭찬한다. 동의한다. 파리 뒷골목에 있는 작은 빵집에서 고민 없이 집어 든 바게트도 눈을 휘둥그레지게 만드니까. 잘 구운 바게트는 겉이 바삭바삭하고 속은 야들야들해서 빵만 잘근잘근 씹어 먹어도 고소하니 맛있다. 단단한 껍질에서는 풍미가 느껴지고 속에는 공기가 알맞게 들어차 있다. 한마디로 입에 착착 달라붙는다. 밥을 지어 먹듯 매일같이 먹는 게 빵이니 맛이 없으면 곤란할 터.

프랑스 사람들이 말하는 빵은 우리가 말하는 빵과 조금

다르다. 우리는 파리바게트 같은 빵집에서 파는 빵을 몽땅 빵이라고 부르지만 프랑스에서는 밀가루, 물, 소금으로 만든 것만 빵이라 칭한다. 빵을 가리키는 말이 세분화돼 있다. 그럼 '크루아상', '브리오슈' 같은 건 대체 빵이 아니고 뭐란 말인가? 버터와 우유, 설탕이 들어간 부드러운 빵은 '비에누아즈리'로 구분한다. 주식으로 먹는 바게트는 규격과 가격이 정해져 있다. 치열했던 프랑스 혁명을 거치며 가까스로 탄생한 평등이 빵에도 적용된다. 가난한 사람도 가뿐한 마음으로 바게트를 사 먹을 수 있도록 정부가 값을 매기고 통제한다. 프랑스인에게 빵은 역사이자 문화이고 프랑스 그 자체라고 해도 지나치지 않다.

파리에서는 거의 매끼 빵을 먹었다. 빵에 고기나 생선을 곁들여 먹고 가끔은 바게트 사이에 짭조름한 햄과 구멍 난 에멘탈 치즈 등을 끼운 초간단 샌드위치로 가볍게 때우는 날도 있었다. 끼니 챙길 시간이 되면 늘씬한 바게트를 옆구리에 끼고 잰걸음으로 걷는 파리지앵들이 눈앞을 스친다. 다소 번거로워도 수시로 신선한 빵을 사다 먹는 게 보통. 아침 7시 전후가 되면 빵집 앞에 빵 냄새가 짙어진다. 점심시간 전이나 저녁 7시쯤이면 갓 구운 빵이 나온다. 파리에서 먹는 빵이 맛있을 수밖에 없는 이유가 여기 있다. 때맞춰 구워내는 신선한 빵은 공장에서 대량으로 구워 배달하는 빵과 애당초 경쟁이 안 된다.

파리를 여행하는 동안 바게트로 이름난 빵집 몇 군데를 일부러 찾아간 적이 있다. 그런데 어찌 된 영문인지 기대했던 그 맛이 아니었다. 동네에서 맛본 바게트보다 맛이 덜했다. 프랑스 대통령 관저인 엘리제궁에 납품한다는 바게트도 사정은 다르지 않았다. 맛있는 바게트를 맛보겠다고 일부러 찾아가서 빵을 샀지만 당장 배고프지 않아서 종일 들고 다닌 탓이다. 허기짐을 느껴 바게트를 꺼냈을 때는 이미 돌처럼 딱딱해져 있었다. 눅눅해질까 봐 통풍이 잘 되는 종이봉투에 담아 주었는데도 소용없었다. 이러면 발품은 파나마나. 바게트는 너덧 시간만 지나도 단단하게 굳어 맛이 뚝 떨어진다.

파리에서 맛있는 바게트를 구하는 방법은 아주 쉽다. 굳이 바게트 그랑프리에서 수상한 집을 찾아 발품을 팔지 않아도 좋다. 가까운 빵집 중 끼니때 붐비는 빵집이 어디인지 눈여겨보았다가 빵 굽는 냄새가 진동하는 시점에 잽싸게 빵 가게로 발을 들인다. 그것만으로도 맛은 확실히 보장된다. 향긋한 냄새에 홀려 산 빵이 있다면 묵히지 말고 가능한 한 빨리 입에 넣도록!

그날의
아침

이른 아침, 입으로 꾸역꾸역 밀어 넣는 밥보다 꿀 같은 잠을 택한다. 알람 없이도 저절로 눈이 떠지는 여행지에서는 정반대. 두말할 것 없이 아침잠보다 아침밥이 먼저다. 마음 녹는 풍경, 감수성을 자극하는 오늘의 여행지를 코앞에 두고 든든하게 끼니부터 챙긴다. 여행지에서 먹는 아침식사는 어쩐지 더 맛있다. 맛도 맛이지만 한가롭게 여유를 즐겼던 아침의 추억이 새록새록하다. 순도 150%의 행복감. 시간이 지나도 잊히지 않는 그날 아침.

프랑스 파리의 아침식사.

아침에 베이커리를 찾는 게 첫 일과였다. 부스스한 머리를 손가락으로 빗어 대충 가라앉히고는 현관을 나섰다. 집 앞 빵 가게에서 아침거리를 사려는 파리지앵 사이에 끼어 차례를 기다렸다가 그날그날 구미가 당기는 빵을 샀다. 주로 크루아상이나 바게트를 집었고 가끔은 바삭한 페이스트리 속에 달콤한 초콜릿을 끼운 팽 오 쇼콜라를 안고 돌아왔다. 고소한 우유나 상큼한 주스, 쌉싸름한 커피를 내키는 대로 빵에 곁들이면 만족스러운 아침식사.

베트남 하노이의 아침식사.

하노이에서는 쌀국수를 즐겨 먹었다. 쌀이 많이 나는 나라답게 쌀을 재료로 하는 음식이 많은 베트남. 쌀국수 파는 집에 궁둥이를 붙이고 주문을 하면 거의 동시에 쌀국수가 테이블에 놓였다. 부들부들하고 흐느적거리는 쌀국수에 고기를 묵직하게 얹고 뜨끈한 국물을 부으면 완성. 양파와 숙주, 고수를 곁들여서 한 그릇 후루룩.

모로코 마라케시의 아침식사.

프랑스령이었던 곳이라 그런지 프랑스의 아침식사와 닮은 구석이 있었다. 단돈 몇 백 원이면 얼굴 크기만 한 빵을 건네받았다. 여기에 버터, 잼, 크림치즈 등을 더했다. 상쾌한 맛에 중독되는 민트티와 함께하면 완벽한 한 끼.

일본 유후인의 아침식사.

다다미 깔린 료칸에서 하룻밤을 보내고 뜨끈한 온천에 몸을 담가 피로를 말끔히 씻어냈다. 최상의 컨디션으로 밥상 앞에 앉았다. 노릇하게 구운 생선 한 토막과 두툼하고 달콤한 김, 노른자가 설익은 삶은 달걀, 살짝 데친 두부, 쓰케모노(일본식 채소 절임) 등이 정갈하게 차려져 있었다. 후쿠오카의 명물로 꼽

히는 밥도둑 명란젓도 한 점 나왔다. 고슬고슬 지은 밥 위에 명란젓을 얹어 크게 한입. 다음 날은 귀국하는 일정이라 서둘러 료칸을 나서야 했는데 고맙게도 료칸에서 도시락을 챙겨 주었다. 밥을 꾹꾹 눌러 만든 오니기리 도시락. 마지막까지 뭉클했던 료칸의 감동 서비스.

이탈리아 피렌체의 아침식사.

볼거리가 풍성했던 피렌체에서는 시간이 금이었다. 집에서 부산스럽게 아침을 준비하지 않고 집 앞 카페에 들러 간편하게 해치웠다. 후다닥 먹고 갈 참이라 궁둥이는 붙이지 않았다. 서서 커피를 마시면 자릿세가 빠져서 더욱 부담 없는 가격. 세 사람이 커피를 마셨고 빵 두 개를 집어삼켰는데 겨우 5.7유로라니!

태국 방콕의 아침식사.

게으름 피우기 좋은 여행지 방콕. 내게 가장 익숙한 여행지 방콕에 머물 땐 여행은 뒷전이고, 더위를 핑계 삼아 둘러대며 드러누워있기 일쑤였다. 늦잠을 자고 느지막이 일어나 11시쯤 브런치를 먹으러 나갔다. 국물 생각이 나는 날에는 어묵을 동동 띄운 국수로, 당장 밥숟가락을 뜨고 싶을 만큼 배가 고프면 푹 삶은 오리고기나 닭고기를 숭덩숭덩 썰어 얹어주는 덮밥을 주문했다. 어떤 날은 트렌디한 수쿰빗의 카페에 앉아 에그 베네딕트 위 수란을 칼로 쿡 찔렀고, 또 어떤 날은 향신료를 가득 넣은 커리와 밥 한 공기를 뚝딱 먹었다.

사는 게 지치고 버거워서 눈을 떠야 하는 아침이 지옥처럼 캄캄하게 느껴지는 순간에 여행지에서 누리던 즐거운 아침을 떠올린다. 아침 시간에만 누릴 수 있는 따사로운 햇살, 들뜬 얼굴로 숟가락을 들던 그 시간들을 생각하면 눈가와 입가에 화사한 미소가 번지며 꺼져가는 활력이 되살아난다.

여행지에서 먹는 아침식사는 어쩐지 더 맛있다.
맛도 맛이지만 한가롭게 여유를 즐기며 열었던
아침의 추억이 새록새록하다.
순도 150%의 행복감.
시간이 지나도 잊히지 않는 그날 아침.

다이어트는 내일부터

날마다 1만 보 이상 걷는 기록을 달성했는데도 불구하고 여행 후 적잖은 뱃살에 맞서 싸워야 했다. 입술처럼 두툼해진 배가 위아래로 볼록하게 나와 있었다. 괘씸한 범인은 파리의 달콤한 디저트. 맛있어서, 궁금해서 하나둘씩 집어먹은 간식이 뱃살을 무럭무럭 키웠다.

주범은 단연 '마카롱'이다. 아몬드 파우더, 머랭, 설탕 등으로 만든다. 동글동글 귀엽고 깜찍한 모양에 매혹적인 컬러감, 매끈한 겉모습과 달리 속은 쫀득하다. 이전에 한국에서 먹던 마카롱은 진정한 마카롱이 아니었다. 프랑스 마카롱의 양대 산맥 '라 뒤레'와 '피에르 에르메'를 번갈아 가며 드나들었다. '제라르 뮐로'도 은근한 강자. 뜻밖의 반전은 프랑스를 대표하는 디저트로 알려진 마카롱의 시작이 이탈리아라는 점.

길쭉한 '에끌레르' 녀석도 공범이다. 번개라는 이름에 걸맞게 손에 쥐면 금방 먹어치우게 되어있다. 슈 페이스트리 속에 크림을 가득 채우고 겉에 초콜릿이나 캐러멜을 입힌다. 하필 집 근처에 화려한 외모로 소문난 에끌레르 전문점 '에끌레르 드 제니'가 성업 중이어서 오가는 길에 침샘을 자극했다. 참새가 방앗간을 어찌 지나치랴.

예쁘장한 핑크빛에 장미 향이 어우러진 화사한 디저트 '이스파한'. 바삭바삭한 파이를 층층이 쌓고, 그 사이에 커스터드 크림을 바른 '밀푀유'. 보르도 지방의 전통 과자 '카눌레'도 즐겨 찾았다. 한 번 맛 들이면 헤어 나올 수 없는 마성의 달콤함. 프랑스의 디저트는 다이어트를 향한 강한 욕구를 단번에 잠재웠다.

'내 절대 다시는 돈 주고 사 먹지 않으리' 결심하게 만든 디저트도 있다. '몽블랑'과 '바바 오 럼'. 진한 밤 맛이 도는 크림을 뾰족하게 산 모양으로 올린 몽블랑은 달아도 너무 달아서 고스란히 남기고 차만 마셨다. 바바 오 럼은 술독에 빠진 빵을 갓 구해낸 맛이다. 럼에 축축하게 젖은 빵. 애주가라면 모를까 맨정신으로는 극복하기 쉽지 않았다.

그나저나 파리 사람들은 빵과 디저트를 그렇게 먹어대는데도 왜 살이 찌지 않는 거지? 왜 나만 살쪄?

외롭고 웃긴 가게

미심쩍고 수상한 가게였다. 오사카 시내에서 긴테쓰 오사카선을 타고 야오시 다카야스 역에 내렸다. 가게까지 1킬로미터 남짓 걸었다. 마을의 수로를 따라 천천히 20분쯤 걸으니 카페가 보였다. 당황스러웠다. 멀뚱멀뚱 물끄러미 바라만 보았다. 셔터를 내린 지 2년쯤 지난 가게라고 해도 이상하지 않을 정도로 낡은 외관. 문에 찰싹 달라붙어 귀를 대보니 인기척이 들렸다. 손님이 있는 모양이었다.

가게 이름은 '뮌희'. 독일의 클래식 오토바이 제조업체 'Münch'에서 따왔다. 내부는 마스터의 취미로 가득했다. 가운

데에 오토바이 한 대가 떡하니 놓여있었다. 독일제로 전 세계에 딱 다섯 대뿐이라 독일 잡지사에서 취재를 온 적이 있는 귀한 몸이란다. 손님들과 이야기 나누기를 좋아하는 마스터는 꼬장꼬장한 노인이었다. 첫 방문인지 묻고는 카페 성공 스토리가 담긴 책자와 스티커, 옛 모습이라며 무려 40년도 더 된 사진을 내밀었다. 젊은 시절의 그는 꽤나 미남이었던 것으로 추정된다. 방송에 출연한 DVD도 선물이라며 안겼다(죄송스럽게도 아직 보지 않았습니다만).

시내와 한참 동떨어진 이곳까지 찾아온 이유는 20년 정도 묵은 커피를 내놓기 때문이다. 된장도 아니고 와인도 아닌 커피를 20년이나 묵힐 수 있다니, 당최 믿을 수가 없어서 눈으로 직접 확인해보기로 했다.

대여섯 장에 걸친 메뉴판을 쭉 넘기자 문제의 커피에 대한 소개가 있었다. '세계 최초! 숙성통 빙온커피'라고 적혀 있었다. 영하 4도로 약 20년간 숙성한 이 커피는 고급 보르도 와인 같은 짙은 풍미를 자랑한다는 설명이었다. 나무통 특유의 향이 나며 과일처럼 달콤한 향과 맛이 특징이라는 점을 강조했다. 반신반의하는 마음으로 커피를 주문했다. 마음 같아서는 통 크

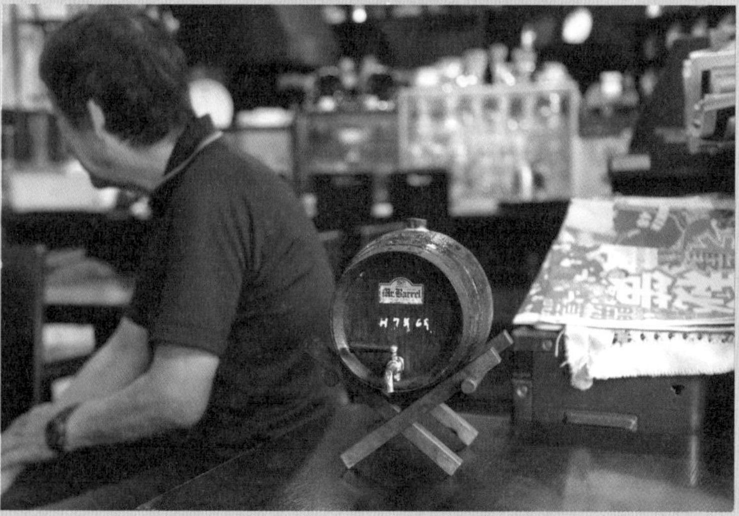
Mr.Barrel

게 한 잔을 주문하고 싶었지만 40시시(cc) 커피 한 잔이 10만 엔, 100만 원을 호가했기 때문에 한 스푼만 맛보기로 했다. 작은 티스푼으로 겨우 한 숟가락을 맛보는 데도 2천 엔이나 들었다. 처음에는 의심을 거두지 않았다. '이 괴짜 같은 노인네가 한 달 전에 만든 커피를 두고 20년 전에 만든 것이라며 막무가내로 우기는 건 아닐까?', '20년 숙성한 커피를 마셔도 배탈이 나지 않을까?' 꼬리에 꼬리를 무는 질문들. 여하튼 의문투성이였다.

마스터는 자신감 넘치는 얼굴로 통 하나를 들고 나왔다. 수도꼭지처럼 생긴 작은 꼭지가 달린 단단한 나무통. 그 속에 23년 숙성한 커피가 담겨있다고 했다. 시선이 한데 쏠렸다. 두 숟가락을 주문하고는 그의 손놀림을 주시했다. 황금빛 티스푼을 가지고 나왔다. 대단히 소중한 것이라는 의미를 돋보이게 하려는 의도가 충만해 보였다. 숟가락을 적절한 위치에 두고 절도 있는 재빠른 손놀림으로 꼭지를 잠시 돌렸다가 빛의 속도로 되돌려놓았다. 이런 행동을 얼마나 오랫동안 반복해 왔는지 신기하게도 커피가 숟가락 위에 흐르지 않을 정도로만 볼록하게 솟아 있었다.

두근두근. 한 스푼에 2천 엔이나 하는 커피여서 단숨에 들이켜기엔 뭔가 아쉬웠다. 강아지처럼 코를 킁킁거리고 이리 보고 저리 보고 하다가 바들바들 떨리는 손을 진정시키며 신중하게 숟가락을 들었다. 홀짝. 눈 깜짝할 사이보다 빠른 순간이었다. 단 한 숟가락이었지만 의심은 거두기로 했다. 부정할 수 없는 세월이 맛이 느껴졌다. 그 원액은 에스프레소보다 씁쓸하고 진한 맛이었는데 달큼하고 부드러운 시간이 녹아 있었다. 오크통에서 오랜 시간을 견뎌 잘 숙성된 와인처럼.

정말 10만 엔을 주고 이 커피를 마시는 사람이 있을까 싶긴 하지만, 괴짜 같은 엉뚱한 상상으로 새로운 커피 맛을 그렸고 그것을 과감하게 실행에 옮긴 끈기와 열정에는 엄지를 치켜세워야겠다.

이탈리아 삼시 세끼

이탈리아로 떠난 한 달간의 가족여행. 지나고 나니 웅장한 콜로세움보다 뜨거운 햇살이 비치던 아말피 해변보다 소소했던 일상의 풍경이 더 오래 기억된다. 마음에 새겨진 기억들은 옅어지는 법이 없다. 이탈리아 여행 중 제일 기억에 남는 장면을 꼽으라면 주저하지 않고 식탁에서 보낸 시간을 이야기할 것이다. 가족들과 식탁에 둘러앉아 오손도손 이야기 나누며 밥을 먹던 푸근한 집밥의 기억들.

아침은 카페에 들러 커피와 빵으로 간단하게 먹는 날이 잦았고 점심은 레스토랑에서 날마다 다른 이탈리아 음식을 주문하는 모험을 즐겼다. 제1요리 메뉴판을 펼치면 피자와 파스타가, 제2요리 메뉴판을 펼치면 고기와 생선 요리가 나온다. 프랑스에서 그랬듯이 비둘기나 개구리, 토끼, 소 혀 같은 낯선 식재료를 경계하지 않아도 된다. 저녁은 그날그날 상황에 맞게 해결했는데 종종 집에서 음식을 만들어 먹었다. 여행 중 요리를 할 수 있었던 건 에어비앤비에 머무는 쪽을 택했기 때문. 현지인의 집 한 채를 통째로 빌렸다. 우리만의 아늑한 공간이어서 푹 쉴 수 있고 주방 시설과 식기가 잘 갖춰져 요리하는 데도 어려움이 없었다.

그 덕에 소소한 즐거움이 하나 늘었다. 장바구니에 이것저것 주워 담는 재미. 재래시장이 가까이 있으면 채소와 과일은 시장에서 사고 공산품을 살 때는 마트로 향했다. 시내 중심이든 외곽의 마을이든 사람 사는 곳에는 동네마다 크고 작은 마트가 하나씩은 꼭 있었다. 요리를 즐기는 언니는 마트에서 사온 식재료를 지글지글 볶고 보글보글 끓여서 그럴듯한 음식을 식탁에 올렸다. 언니의 캐리어 안 옷더미 속에는 언제나 먹다 남은 파스타 면과 올리브오일, 소금이나 후추 같은 게 뒤엉켜 있었다.

샐러드와 햄, 스크램블 에그를 담은 푸짐한 한 접시, 두

꺼운 쇠고기에 갖은 채소를 곁인 스테이크, 허브에 절여둔 닭다리를 노릇하게 구워낸 닭다리 구이를 선보였다. 한날은 엄마와 아침 산책 삼아 베네치아 골목길을 걷다가 리알토 시장에서 새우에 눈독을 들였다. 빈손으로 발길을 돌리자니 오동통하게 살 오른 새우가 눈에 아른아른 밟혀 충동구매하고 말았다. 팬에 굵은소금을 넉넉히 깔고 새우의 볼이 빨갛게 변할 때까지 은근하게 익혔다. 구운 마늘을 곁들이니 완벽했다. 단지 물을 사러 갔다가 삼겹살을 잔뜩 집어가지고 온 일도 있다. 기름이 좔좔 흐르는 삼겹살과 푸릇한 상추와의 조화는 가히 환상이었다. 긴 여정을 함께하는 엄마를 위한 배려로 난생처음 햇반과 라면, 김, 통조림 캔에 담긴 볶은 김치 같은 한식을 두둑하게 챙겼는데 예상대로 아주 요긴했다. 냉장고에 남은 재료를 길쭉하게 착착 썰어 김밥을 둘둘 말고 팔팔 끓는 물에 김치와 라면 그리고 뽀드득한 수제 햄 몇 가지를 골라 넣어 부대찌개도 끓였다.

저녁을 먹고 나면 온 집안이 커피향으로 가득 찼다. 이탈리아는 집집마다 비알레띠 모카포트가 있다. 모카포트용으로 잘게 갈린 커피 가루는 동네 슈퍼에서도 쉽게 구할 수 있었다. 이탈리아에서 커피는 생필품의 영역. 가스레인지 버너 중 하나는 모카포트를 안정적으로 얹도록 작게 만들었다. 진한 에스프

레소를 추출해 따듯한 물을 적당히 부어 아메리카노를 만들거나 데운 우유를 섞어 부드러운 라테로 마셨다. 식후 마시는 커피 한 잔의 여유는 한 달 내내 계속되었고 습관처럼 몸에 배어 한국에 돌아와서도 모카포트를 찾는다.

이탈리아에서 먹은 집밥의 기억은 따듯했다. 평소에는 세 사람이 마주 앉아 밥 한술 뜨기도 녹록치 않았던 바쁜 일상. 꼬박 30일, 삼시 세끼를 함께하며 우리 가족은 확실히 더 돈독해졌다. 때로는 배불리 먹는 음식이 뱃속뿐 아니라 허기진 마음까지 채워준다.

모로코 소울푸드

고향의 맛이 간절했다. 남들보다 빵을 좋아하지만 두 달 반 동안 빵으로 세 끼를 때우고 나니 따끈한 밥 생각이 났다. 고사리와 쇠고기를 듬뿍 넣어 뭉근하게 끓인 칼칼한 육개장, 송송 썬 김치에 돼지고기를 숭덩숭덩 썰어 넣고 보글보글 끓인 김치찌개. 밥 한 숟가락 크게 떠서 찌개와 함께 입에 넣는 상상만으로도 가슴에 온기가 돌았다.

이런 날에는 군침을 삼키며 쇠고기와 건자두를 넣은 타진을 테이블에 올린다. 고기에 달착지근한 양념이 배어 갈비찜 맛이 난다. 오목한 바닥에 원뿔 모양의 뚜껑을 씌운 그릇 타진. 갖가지 재료를 넣고 뚜껑을 덮은 다음 은은하게 열을 가한다. 뚜껑 위에 모인 증기가 음식 위로 촉촉하게 내려앉는 과정에서 고기가 한결 부드러워진다. 결대로 쭉쭉 찢어지는 야들야들한 고기, 양념갈비 소스처럼 달콤한 맛을 내는 건자두, 고소한 아몬드는 그야말로 찰떡궁합이었다.

양껏 퍼먹을 쌀밥이 없어서 섭섭하긴 했어도 멀리 아프리카까지 떠나온 여행자의 쓸쓸함을 감싸 안아주기에 부족함이 없었다. 둘도 없는 나의 모로코 소울푸드.

짜이
한 잔의 추억

인도를 여행할 때 가장 많이 마시는 음료 '짜이'. 침대칸이 있는 기차를 타고 수십 시간 이동할 때면 아침에 꼭 짜이를 마셨다. 어슴푸레 동틀 무렵 곤한 잠을 깨우는 걸걸한 소리 "짜이- 짜이-". 고래고래 소리를 치는 통에 단잠에서 깨는 일이 잦았다. 부산하게 기차 칸을 옮겨 다니는 짜이왈라(짜이 파는 사람)에게 건네받은 차 한 모금으로 하루를 열었다. 인도 사람들은 짜이와 함께 아침을 시작한다. "짜이를 마시기 전에는 일도 하지 않는다"라는 말이 있을 만큼 애착이 각별하다. 북인도, 남인도 할 것 없이 전 국민의 사랑을 듬뿍 받는 짜이.

KitKat
जय श्री कृष्ण
(만수네 짜이집)
오믈렛·물·담배·휴지·펩시·라씨

인도에서 짜이의 위력을 확실하게 맛보았다. 스산하게 비 내리던 날 마신 짜이는 차가워진 몸을 따듯하게 덥혔다. 콩알 같은 땀이 뚝뚝 흐르는 무더위 속에서는 이열치열 땀을 쭉 흘리게 해 정신을 맑게 해주었다. 사람과 사람 사이에 짜이가 놓이면 두 사람의 마음이 이어지기도 한다. 긴장이 풀리고 얼굴엔 옅은 미소가 번진다. 콩나물시루 같았던 버스에서 내려 짜이를 마시면 가쁜 숨이 고르게 쉬어진다. 버스나 기차를 타고 새로운 도시에 다다르면 제일 먼저 짜이부터 챙겼다.

살빛이 희멀건 내가 시야에 들어오면 서로 앞다투어 길을 안내하겠다며 들러붙었다. 소형 엔진을 장착한 삼륜차 '오토 릭샤'를 모는 사람이 달려와 "신속하게 모시겠다" 하고, 자전거를 개조한 사이클 '릭샤'를 모는 사람도 질세라 기를 쓰고 뒤따라와 "튼튼한 두 다리로 저렴하게 모시겠다"라며 나를 질기게 설득했다. 여기에 청결은 기본이요, 가격마저 흡족할 만한 완벽한 숙소를 소개해 주겠다는 호객꾼도 가세했다. 많은 사람에게 둘러싸이면 혼이 쏙 빠질 만큼 정신이 없었는데 이때 내 선택은 망설임 없이 짜이가게였다. 한숨 돌리고 지도를 펼쳐놓고 천천히 갈 곳을 정했다. "일단 차부터 마시자"라는 말 한마디로 대혼란이 말끔하게 정리되었다. 안달이던 이들도 이 시간

만큼은 느긋하게 기다려 주었다. 간혹 옆자리에 바짝 엉겨 꼬드김을 멈추지 않는 호객꾼이 있었지만 흥분하여 소리를 높이던 목청은 한결 부드러워졌다. 도대체 차에는 어떤 힘이 있길래 짜이 한 잔이 사람을 이어주는 연결고리가 되고 한결 차분한 마음을 갖게 하는 걸까?

매서운 겨울바람이 지나가는 혹독한 북인도의 겨울. 그곳을 터전 삼아 사는 사람들 틈에 끼어 호호 불며 마시던 짜이의 따듯함은 어제의 일처럼 뚜렷하게 떠오른다. 보글보글 끓는 소리를 내던 찌그러진 주전자 주둥이에서 쪼르르 흘러나오는 짜이. 꽁꽁 언 몸뿐 아니라 마음까지 사르르 녹여주었다.

Part 4.

생각 많아지는 밤

삶과 마라톤의 닮은 점

예루살렘을 여행하다 우연찮게 마라톤 행렬을 만났다. 이스라엘 전역에서 매년 십여 개의 국제 마라톤 대회를 개최한다. 그중에서도 규모가 큰 예루살렘 국제 마라톤 대회는 유대교, 그리스도교, 이슬람교의 성지인 예루살렘 구시가지를 끼고 달린다. 가파른 성벽길을 오르락내리락 해야 하는 난코스다. 모두가 아마추어였음에도 각오만큼은 프로 못지않았다.

마라토너들을 보고 있자니 사는 게 마라톤 같다는 생각이 든다. 지금 앞섰다고 해서 일 등 하리라는 보장이 없고 저만치 뒤처져 있다고 해서 일 등 하지 못하리란 장담도 할 수 없다.

그들의 목표는 대부분 일 등이 아니라 완주다. 그만 뛰고 싶다가도 물 한 모금에 다시 달릴 힘을 얻고 사람들의 열띤 응원과 함성 소리에 또 한 번 기운 내고 웃는다. 그렇게 꾸준히 달리고 달려 결승점에 도달한다. 일 등이 아니어도 상관없다. 도전했고, 뛰어봤고, 나 자신과 겨뤄봤다는 것만으로도 가치는 충분하다. 완주의 비결은 나만의 속도로 달리는 것.

울고 싶은 날. 하는 일마다 돌돌 말리고 꼬여서 자꾸만 풀이 죽고 "왜 내 인생만 이 꼴인 거냐" 하며 누구라도 붙잡고 신세한탄하고 싶은 날에 오늘의 마라톤을 떠올려보려 한다. 하루 이틀 살고 죽을 거 아니잖아. 길게 봐야지! 눈앞만, 발끝만 바라보지 말고 마라톤처럼 멀리 보고 살아야지.

기다리는 것들은 더디게 오고 빠르게 지나가더라

언제부터인가 매년 봄이 돌아오면 일본을 찾는다. 긴 겨울과 짧은 봄. 사계절의 경계가 희미해지고 봄의 존재도 미미해지고 있어서 조금이나마 봄을 길게 누리려고 봄날을 찾아 남쪽으로 떠난다. 일본 기상청에서 배포하는 벚꽃 개화 지도를 펼쳐놓고 꽃 피는 시기를 가늠해본 뒤 여행 시기를 정하지만 번번이 실패다.

"올봄 벚꽃 개화시기는 평년보다 사나흘가량 빠를 것으로 예상됩니다.", "이상기후로 인한 갑작스러운 추위로 벚꽃 개화 시기가 늦춰질 전망입니다."

날씨가 변덕을 부려 하룻밤 사이 벚꽃이 다 피거나 비바람에 꽃잎이 모조리 떨어져 버리는 게 예삿일이다. 꽃이 피고 지는 건 자연이 하는 일이라서 꽃 피는 시기를 점치기란 여간 어려운 게 아니다. 아스라이 느릿느릿 오더라도 기다리는 것 밖에는. 그것 참 신통방통하다. 누가 일러주는 것도 아닐 터인데 봄인지 어찌 알고 꽃을 피우는 걸까?

겨우내 땅속에 숨어 있다가 흙을 뚫고 나온 여린 새싹이 빼꼼 고개를 내민다. 핑크빛 벚꽃이 팝콘처럼 톡톡 터져 낭만적인 봄을 연출한다. 우중충했던 기운이 말끔히 걷히며 흐드러지게 피어난다. 봄의 끝을 알리는 분홍 비가 내리면 꽃 같은 계절이 금방 가겠지? 꼭 기다리는 것들은 더디게 오고 빠르게 지나가더라. 오래도록 기다렸던 봄날의 여행처럼.

高台寺
圓徳院
KODAIJI
ENTOKUIN
SPRING 2017
春の特別拝観

여러분,
잘 지내나요

워낙 쾌활한 인상을 풍기는 탓에 사람들과 두루두루 잘 지낸다는 오해를 종종 산다. 실상은 그렇지 않다. 겉보기와는 다르게 선 긋기를 좋아하고 나와 결이 맞지 않는 사람을 많이 가리는 편이며 꼭꼭 걸어 잠근 마음의 문을 여는 데 늘 오랜 시간이 걸린다.

"이렇게 만난 것도 인연인데, 차라도 한잔할까요?"라는 물음에 평소 같았으면 0.1초도 머뭇거리지 않고 새침하게 "아니요!"라고 딱 잘라 거절했을 것이다. "내일은 어디 가세요? 점심 같이 하는 거 어때요?"라는 물음에는 까칠하게 "혼자 먹는 게 편해요"라고 대답했겠지. 그러나 여행지에서의 나는 달랐다. 단지 여행지에서 만났다는 이유로, 우리는 묻지도 않고 따지지도 않고 친구가 되었다.

조서 꾸미듯 딱딱하게 신상을 탈탈 털지 않아도 그냥 느낌이 좋은 사람이면 그것으로 그만이었다. 여행지에서의 너와 나는 온전히 너 그리고 나로서 존재하니까. 우리가 한국에서 김 과장인지 박 대리인지 이 모씨의 여자친구인지 아내인지 그런 건 여행 중 아무짝에도 쓸모가 없다. 무엇을 전공했고 무슨 일로 밥벌이를 하는지 통장에 잔고는 얼마나 모아두었는지 하는 식의 이야기보다 나는 어떤 사람이고 왜 여행을 떠나왔으며 오늘 점심은 어떻게 해결할 건지 다음 행선지는 어디인지 같은 시시콜콜한 눈앞의 시간에 초점이 맞춰진다. 그게 더 자연스럽고 뜻깊은 일이다.

남동생과 인도행을 결심했던 보라는 푸쉬카르에서 우연히 마주친 게 계기가 되어 네팔로 향하는 고된 여정을 함께했고(보라는 귀여운 꼬맹이의 엄마가 되었다), 마라케시에서 만난 현준이와는 메마른 사하라를 나란히 걸었다(현준이는 부산으로 내려가 평범한 직장인으로 착실하게 살고 있다). 상현이와는 다즐링의 축축하고 짙은 안개 속을 헤집고 다녔다(상현이는 기회의 땅 베트남을 외치며 해외 생활을 준비 중이다). 그리고 한때 뜨거운 사랑을 나누었던 당신들(어쩜 하나같이 단란한 가정을 꾸려 알콩달콩 잘 살고 있는지 사생활 보호 차원에서 실명 언급은 하지 않기로 했다).

여행하다 만난 이들 중에서는 마음 터놓고 이야기 나눌 수 있는 사이가 되어 오래도록 인연을 이어가는 사람이 있고 한낱 스쳐가는 바람처럼 지나가는 인연도 있다. 잡으려고 해서 잡히는 것도 아니고 피하려고 해서 피해지는 것도 아니더라. 인연은 그런 건가 보다. 이어질 사람은 노력하지 않아도 자연스레 이어지고 끊어질 사람은 끊어내지 않아도 매일매일 조금씩 멀어져가는 것.

길 위에서 만난 당신들, 잘 지내나요?

द्वितीय श्रेणी
SECOND SITTING

41-50
51-60
EMERGENCY WINDOW

인연은 그런 건가 보다.

이어질 사람은 노력하지 않아도 자연스레 이어지고

끊어질 사람은 끊어내지 않아도

매일매일 조금씩 멀어져가는 것.

길 위에서 만난 당신들, 잘 지내나요?

인생은 한 번뿐,
행복을
미루지 마세요

위로가 되어주는 음악으로 사랑받는 싱어송라이터 조동희. 동희 언니가 공연마다 하는 얘기가 있다. "인생은 한 번뿐, 행복을 미루지 마세요." 언니가 들려준 이야기가 가슴 깊숙이 남아 두고두고 울림이 되기에 혼자만 알고 있기 아쉬워 들려드릴까 한다.

거대한 기업을 이끄는 간부가 어느 작은 어촌 마을을 지나가게 되었다. 그의 발걸음이 멈춰선 곳은 시원한 바람이 살랑거리는 바닷가. 동네 어부들이 대청마루에 질펀하게 앉아 막걸리를 들이켜고 있었다. 간부는 한낮에 웃통을 훌러덩 벗어젖

힌 채 한량처럼 노닐고 있는 남자들을 한심한 눈초리로 바라보았다. '고기를 많이 잡아서 더 큰 배를 사고 대량으로 고기를 잡아다 팔면 금방 부자가 될 텐데!' 안타까운 심정을 보태 어부들에게 조언을 건넸다. 허송세월 말고 나가서 물고기 한 마리라도 더 잡는 게 어떻겠느냐고.

한 어부가 되물었다. "물고기를 더 잡은 다음에요?" 간부는 말을 이었다. "돈을 많이 벌면 큰 배를 손에 넣을 수 있지 않소!" 어부는 또다시 반문했다. "큰 배를 산 다음에는요?" 그러자 마치 대단한 비밀이라도 발설하는 양 귓속말로 소곤거리

며 "큰 배를 사면 더 많은 물고기를 잡아 대량으로 팔 수 있지. 당신은 곧 부자가 될 거요"라고 귀띔했다. 어부는 물음을 그치지 않았다. "부자가 되면 그다음에는?" 간부는 신이 난 얼굴로 말했다. "당신들처럼 대낮에 막걸리도 마시고 희희낙락 즐기며 사는 거지!" 우습게도 간부가 나중으로 미루고 있던 것을 어부들은 이미 누리고 있었다. "종잣돈 1억만 모으면 여행을 떠날 거야.", "과장으로 승진하면 외국어 학원을 다니며 자기계발에 힘써야지." 우리는 자꾸 행복을 미루고 또 미룬다. 있을지 없을지 모르는 내일, 기약 없는 먼 훗날의 언젠가로 미뤄두며 오늘의 쓴맛을 견딘다.

사는 데 진짜 중요한 게 무엇인지 곰곰 생각해보는 요즘이다. 그 누구도 세상을 떠나는 날 "회사에서 더 열심히 일할걸 그랬어!", "빚을 내서라도 강남에 아파트 한 채 마련해둘걸." 같은 미련하고 하찮은 후회 따위는 하지 않을 텐데.

관광객이 너무해

베네치아 북쪽의 작은 섬 '부라노'. 알록달록 파스텔톤으로 칠해진 집들이 고와서 사시사철 관광객이 들끓는다. 샛노랗게 칠한 문 앞에서 찰칵! 군데군데 나오는 다리 위에서 찰칵! 여기저기서 들려오는 셔터 소리. 마음에 드는 장면을 포착하면 머뭇거리지 않고 카메라 셔터를 꾹 누르는 것만으로도 그림이 된다. 사랑스러운 핑크색을 입은 집, 우유를 섞어놓은 듯 부드러운 하늘색을 띠는 집, 벽과 창문에 보색 대비를 사용해 또렷하고 강렬해 보이는 집. 여행자들은 이색적인 풍경을 사진으로 남기느라 여념이 없었다. 나 또한 철모르는 여행자라서 삶의 흔적이 묻어나는 이 섬이 좋았다.

반면 이곳을 터전 삼아 살아가는 주민들은 불편할 것 같았다. 밤낮없이 골목에서 떠들고 집안을 들여다보거나 살림살이를 들추는 무례한 사람도 더러 있었다. 주말이면 곳곳이 쓰레기로 뒤덮였다. 남의 집 대문 앞에서 사진을 찍겠다고 설치다 살뜰히 가꾼 화분을 떨어뜨린 관광객을 보았다. 아이코. 속절없이 나뒹구는 화분을 보니 내 마음이 다 아팠다. 주인이 알면 얼마나 속상해할까? 아름다웠지만 안쓰러운 섬 부라노. 뭔가 대책이 시급해보였다.

오버투어리즘으로 몸살을 앓는 도시가 늘었다. 도시가 수용할 수 있는 한계를 넘어서는 관광객이 몰려와 도시를 점령하고 주민의 삶을 침범한다. 집값과 임대료가 천정부지로 치솟고 쓰레기, 교통 체증 등 심각한 문제에 부딪힌다. 여행자가 많아지면 주머니가 두둑해질 것이라 예상하는 사람도 있으나 이로 인한 기쁨을 누리는 사람은 극히 소수. 베네치아 주민의 삶은 날로 팍팍해지고 있다. 오죽하면 "우리는 당신을 환영하지 않는다", "관광객이 아니라 침략자!", "관광업이 이웃을 죽인다!", "제발 오지 말아주세요" 같은 자극적인 문구의 피켓을 들고 시위를 벌이는 지경에 이르렀을까. 비단 베네치아의 문제만은 아니다. 바르셀로나, 로마, 암스테르담 등 세계 주요 도시들이 같은 이유로 고역을 치렀다. 필리핀 보라카이는 일정 기간 폐쇄 조치라는 극단적인 선택을 했고 서울 북촌의 한옥마을도 소음과 쓰레기, 사생활 침해 문제로 연일 난리다.

모든 여행자는 여행지의 환경과 그곳에 사는 사람들, 문화를 존중할 책임을 가진다. 내가 스쳐가는 이 땅이 누군가의 삶의 터전이라는 사실을 망각하면 안 된다.

앞모습보다
더 많은 이야기를
건네는 뒷모습

"다 왔다"고 말하고서는 아무 데나 내려두고 줄행랑치듯 사라진 릭샤왈라의 얄미운 뒷모습, 목적지에 당도하기 전에 명이 다해버릴 것처럼 느릿느릿 힘없이 걸어가던 노인의 안쓰러운 뒷모습, 시바신이 들고 다니는 삼지창과 담요 몇 장이 전부인 단출한 살림을 둘러메고 다리를 건너던 백발 사두의 뒷모습, 아내가 싸주었을 도시락을 손에 꼭 쥐고 출근하는 듬직한 가장의 뒷모습, 언젠가 꼭 이루어져야 할 티벳의 독립을 애타게 바라는 사람들의 힘찬 뒷모습.

때로는 앞모습보다 뒷모습이 더 많은 이야기를 들려준

다. 그 사람의 차림새, 그 사람의 걸음걸이, 그 사람의 신발, 그 사람의 뒤통수, 등 뒤에 짊어지고 가는 물건들이 끊임없이 말을 걸어온다.

나는 내 뒷모습을 볼 수가 없다. 문득 내 뒷모습이 궁금해져서 숙소의 큰 거울 앞에 서서 작은 손거울을 손에 들고 뒷모습을 비춰보았다. 부스스하고 산만한 뒷모습이었다. 긴 여행으로 한동안 머리 손질을 하지 못한 탓이다. 미용실 주인이 듣는다면 "이러니까 장사가 안 되지!"라고 한탄할 노릇이지만 1년에 겨우 한두 번 머리카락을 손질하러 간다. 언제부터인가 긴 머리에 단단히 꽂혀 거의 내버려 두다시피 한다. 만지면 푸석할 것 같은 머릿결이 거울에 비쳤다. 여행을 마치고 집으로 돌아갈 때가 되었다는 증거다.

세상에서 가장 슬픈 뒷모습은 떠나가는 연인의 뒷모습이 아닐까 싶다. 발바닥에 접착제가 잔뜩 묻어 제자리에 달라붙어 버린 것처럼 한참 동안 발을 떼지 못하고 서서 바라보는 뒷모습은 슬프다. 눈물이 그득하게 맺힌 것을 뺨 위로 떨어뜨리지 않으려고 애써 꾹 참아보아도 다시는 보지 못할 것 같은 그 뒷모습을 가만히 보고 있으면 이내 눈물이 볼을 타고 흘러내린다.

남자들은 목욕탕에서 늙은 아버지의 좁아진 어깨와 뒷모습을 보며 눈물을 훔친다지. 세월이 짓누른 엄마의 구부정한 어깨를 바라보고 있으면 마음속 어딘가가 찡하게 울린다. 고맙고 또 미안해진다. 외출할 때면 창문을 활짝 열고 시야에서 사라질 때까지 내 뒷모습을 지켜보곤 하는 우리 엄마. 이제 내가 엄마의 뒷모습을 지켜봐야지, 잘 보살펴 드려야지, 다짐은 숱하게 하는데 그게 마음처럼 잘 안 된다. 늘 그리운 엄마의 다정한 뒷모습.

깨우지 마세요,
좋은 꿈 꾸고 있을
수도 있으니까요

벌건 대낮,

바라나시 뒷골목에서 곤히 잠든 두 마리 개의 단잠.

잎이 무성한 나무 그늘 아래 자리를 펴고

구부정하게 자는 사두의 새우잠.

해가 뜨고 아침이 되어도

도통 일어날 생각을 하지 않던 노인의 지독한 아침잠.

덜컹거리는 기차 안에서 깊이 잠들지 못하고

자다 깨다를 반복하던 할머니의 노루잠.

포근한 할머니의 품에 안겨 잠들지도,

깨지도 못하고 비몽사몽하는 꼬맹이의 선잠.

꾸벅꾸벅 고개를 떨어뜨려가며 불편한 자세로 자는
할아버지의 꾸벅잠.
고단했는지 의자에 앉은 채로
깜빡 잠이 들어버린 아저씨의 곤잠.
잔뜩 토라져서 자는 척하는 얄미운 아이의 꾀잠.

꿈에 그리던 이와 사랑에 빠져
달콤한 시간을 갖고 있을지 몰라요.
간절히 바라던 일이 꿈속에서 이루어져
행복에 겨운 한때를 보낼지도 모르죠.
깨우지 마세요. 좋은 꿈 꾸고 있을 수도 있으니까요.

고양이와 함께 살기

한국에서 길고양이는 천덕꾸러기 신세에 홀대당하기 일쑤다. 마치 고양이가 제집에 침범이라도 한 것처럼, 발 디디면 안 될 땅을 밟은 것처럼 싸늘한 시선으로 쏘아본다. 잠자코 지켜만 보면 그나마 다행. 얌전히 지나가는 고양이에게 괜스레 위협을 가하거나 발길질을 일삼는 막돼먹은 인간도 있다. 고양이의 눈으로 바라보면 이 얼마나 황당하기 짝이 없는 일인가.

날카로운 눈매 때문인지 고양이가 사납다고 오해하는 사람이 적지 않다. 고양이가 먼저 덤비는 경우는 거의 없는데도 말이다. 고양이는 사람을 해치지 않는다. 참 우스운 일이다. 사람들이 제멋대로 집 짓고 길을 내놓고 사람만을 위한 곳이라 주장하는 것. 원래 땅은 사람 소유가 아니었다. 나무가 그 자리의 주인이었고 야생 동물과 벌레들도 그곳에서 뛰놀았어야 마땅했다.

여행하면서 헤아릴 수 없이 많은 고양이를 만났다. 방콕의 끈적한 날씨에 지쳐 기운 없는 개처럼 축 늘어진 고양이, 푸짐한 닭고기 타진을 나눠먹자며 두툼한 허벅지를 앞발로 툭툭 치던 모로코의 건방진 고양이, 마을 주민보다 고양이가 훨씬 많은 일본의 고양이섬 아오시마의 수백 마리 고양이 군단, 판매용 카펫 위에 똬리를 틀고 앉아 깊은 잠에 빠진 이스탄불의 뻔뻔한 고양이도 보았다.

모로코의 레스토랑 주인은 고양이 서너 마리가 테이블 아래를 휘젓고 다녀도 눈총을 주거나 쫓아내지 않았다. 방콕의 고양이도 평온하기는 마찬가지였다. 어수선한 골목길에 사람과 고양이가 적당히 어우러져 살고 있었다. 고양이의 눈빛과 행동을 유심히 관찰하면 그곳 사람들이 고양이를 어떻게 대하는지 대번에 알 수 있다. 고양이가 사람을 해치지 않듯 사람도 고양이를 해치지 않는다.

누가 코끼리를 죽였나

며칠 전 한 코끼리의 장례식 사진을 보았다. 평생 관광객을 등에 태우며 학대당한 코끼리의 안타까운 죽음이었다. 태국 파타야에서 수십 년간 사람들을 태워오다 현지 동물 단체에 가까스로 구조되었지만 너무 늦었다. 노령인데다 몸이 축날 대로 축난 상태라 쇠약해진 몸을 견디지 못해 죽고 말았다. 지난 여행길에 만났던 코끼리들이 머릿속을 스쳤다. 인도 암베르의 코끼리, 여전히 그대로일까?

암베르는 인도 라자스탄주 자이푸르에서 11킬로미터쯤 떨어진 곳이다. 자이푸르 시내에서 허름한 로컬 버스를 타고 구불구불한 길을 따라 30분 남짓 달리면 성 입구에 도착한다. 거대한 바위가 많아서 험준해 보이는 산 중턱에 암베르성이 늠름하게 버티고 있다. 험한 지형을 이용해 적을 막으려는 목적으로 지은 성답게 덩치가 크고 듬직하다. 삶은 호박에 우유를 섞어놓은 듯 노르스름한 빛깔을 띠는데 섬세함과 화려함이 돋보인다.

암베르성 꼭대기에 오르는 방법은 두 가지다. 하나는 튼튼한 두 다리로 걷는 것이고 다른 하나는 성 아래에서 대기 중인 코끼리를 타는 것이다. 색색으로 곱게 단장한 코끼리의 넓은 등에는 무려 네 사람이 한꺼번에 탈 수 있다. 현지 물가에 비하면 만만치 않은 요금을 치러야 하지만, 옛 시절 왕이나 누리던 호사를 경험을 하고 싶어하는 여행자들에게 제법 인기다. 암베르성에 오르는 방법, 내겐 한 가지뿐이었다. 걸어가는 것. 웬만해서는 동물을 타지 않는다.

오래전 태국 칸차나부리에 가서 코끼리를 탔던 일이 계기가 되었다. 짧은 일정의 트레킹 코스에서 코끼리를 탈 기회가 있었다. 코끼리 한 마리의 등에 무게가 제법 나가는 성인 세 사람이 올라탔다. 몰이꾼은 코끼리를 재촉해 정해진 길을 따라 정글 속으로 저벅저벅 걸어 들어갔다. 본능에 충실했던 코끼리는 주먹만 한 똥을 몸 밖으로 내보냈고 탐스럽게 매달린 열매에 관심을 보였으며 등 위에 태운 사람의 무게가 버겁게 느껴졌는지 가던 길을 멈춰서기도 했다.

그때 못 볼 꼴을 보고야 말았다. 코끼리가 딴짓을 하려고 하면 몰이꾼이 뾰족한 쇠꼬챙이로 머리를 콕콕 찍어댔다. 미안한 감정이나 죄책감 따위는 없는 듯 보였다. 이 일을 겪은 후로 동물을 타지 않기로 했다. 어쩌면 타야 할 일이 생길지도 모르겠다. 몽골에서 드넓은 대지를 지나야 하는데 차는 없고 말만 있다면? 말을 타야겠지. 하지만 재미 삼아 동물을 타거나 학대까지 해가며 벌이는 동물 쇼 따위를 보는 일은 없을 것이다.

태국 북쪽 지방에서는 코끼리를 길들이기 위한 끔찍한 의식을 치른다. 어린 야생 코끼리를 어미에게서 강제로 떼어낸 뒤 아기 코끼리 한 마리가 겨우 들어갈 만한 작은 틀을 만들어 코끼리를 몰아넣는다. 그리고는 날카로운 송곳으로 찌르고 때리는 일을 인정사정없이 반복해 인간의 명령에 복종하게 만든다. 코끼리에게 행해지는 잔혹한 학대, '파잔 의식'이다. 이 과정에서 피 흘리며 죽어가는 코끼리가 있고 평생 정신 장애를 겪는 코끼리도 있다.

코끼리는 야생 동물이다. 상상해보라. 화가 치밀면 사람을 짓밟을 수도 있는 야성을 지닌 코끼리가 고분고분 사람의 말귀를 알아듣고 몇 사람이 올라타도 내치지 않는 데 이르기까지 코끼리에게 어떤 일이 일어났을까? 길 위에서 만나는 모든 생명은 소중하다. 존중받아야 한다. 공정여행이란 거창한 이름을 붙이지 않아도 좋다. 코끼리를 타지 않는 것, 동물학대로 이루어지는 공연에 눈길 주지 않는 것. 작은 실천이지만 코끼리를 돕는 가장 현실적인 방법이라 생각하면서 암베르성으로 향했다. 송골송골 맺힌 땀방울을 닦으며.

5월의 어느 날 문득

5월은 장미의 계절이다. 화사한 빛깔의 봄꽃이 지고 나면 장미가 꽃의 여왕 자리에 오른다. 파리 근교의 작은 마을 지베르니에서 문득 장미를 바라보고 있다가 옛 애인이 생각났다. 로맨틱한 구석이 있었던 그가 어느 날 나에게 장미꽃을 한 아름 안겨주었다. 투박한 손에 들린 꽃이 등 뒤에 숨어 있었다. 세련된 포장이었고 장미의 빛깔도 더없이 고왔다. 내 반응은 뜨뜻미지근했다. 몇 만 원어치 꽃을 살 돈이면 근사한 레스토랑에서 한 끼를 먹는 게 낫다는 생각에 꽃을 받아들고도 기쁜 내색을 하지 않았다. 그러고는 참 매력 없게도 입 밖으로 하고 싶은 말을 꺼내고 말았다. 물론 아주 조심스럽게.

내 딴에는 마음 상하지 않게 한다고 했는데 그에겐 어떻게 들렸을지 모르겠다. 티격태격했던 것 같기도 하고 낭만이라고는 눈곱만큼도 없다며 핀잔을 들었던 것 같기도 하고. 사실 뒷이야기는 가물가물 잘 기억나지 않는다. 그게 벌써 7년 전이니까.

누군가를 온전하게 잊는 건 쉽지 않다. 어떻게 지내는지 뭐하고 사는지 궁금해질 때가 있다. 가끔 함께 걷던 길이나 빛바랜 추억이 묻어있는 물건을 만나면 어렴풋이 생각이 난다. 이랬었지, 저랬었지 하고. 무슨 일이든 애당초 깨끗이 지워버리는 건 불가능한지도 모르겠다. 잠시 묻어두고 그 위에 무언가를 차곡차곡 쌓아놓고 지내다가 덮인 먼지가 날아가면 희미하게 보이는, 뭐 그렇게 사는 거 아닌가 싶다.

조금 다른 시선으로 읽는 개미와 베짱이

훗날 내 아이에게 이솝우화 『개미와 베짱이』 이야기를 곧이곧대로 들려주지 않을 생각이다. 혹시 들려주게 되더라도 제멋대로 각색하는 과정은 피할 수 없다.

일은 저만치 미뤄두고 바이올린 연주를 하며 여름 내내 대책 없이 놀았던 베짱이는 찬바람 부는 겨울에 오갈 데 없는 신세가 되어 개미에게 도움을 구한다. 악기 연주에 남다른 소질을 뽐냈던 베짱이를 놀기만 좋아하는 애송이로 치부해버린 결말은 영 씁쓸하고 못마땅하다. 개미처럼 열심히 땀 흘려 일해서 돈을 알뜰살뜰 모아두어야 한다는 교훈을 주입하려 든다. 기나

긴 겨울이 지나고 봄이 오면 베짱이가 음악회를 열어 그간 일밖에 모르고 지냈던 개미의 퍽퍽한 일상에 한 줄기 빛을 안겨줄지도 모르는 일 아닌가.

개미처럼 성실하게 노동하는 것, 혹은 베짱이처럼 하고 싶은 일에 매달리는 것. 그게 일이든 음악이든 그 무엇이든 간에 가슴에 뜨거운 열정을 품고 있다는 건 무척이나 흥분되는 일이다. 개미의 삶과 베짱이의 삶, 모두 옳다. 서로 다름을 인정하고 존중하고 응원해주면 되는 거다. 그냥 살고 싶은 대로 살아도 괜찮아. 사는 데는 정답이랄 게 없으니까.

HOTEL
RISSA
L'HARISSA

그냥 살고 싶은 대로 살아도 괜찮아.

사는 데는 정답이랄 게 없으니까.

구걸,
진실이든
아니든 간에

파리 바스티유 광장에서 멀지 않은 허름한 집에 머물 때의 일이다. 좁고 어두침침한 골목을 벗어나 큰길로 접어들면 오른쪽에 늘 같은 풍경이 펼쳐졌다. 벽에 기대 철퍼덕 주저앉은 사내의 모습이 눈에 들어왔다. 남자는 몸집이 제법 컸고 속사정이야 알 수 없지만 겉보기엔 매우 건장했다. 언제나 똑같은 옷차림이었다. 딱히 이렇다 할 거처가 없는 모양이었다. 그는 구걸하는 중이었다. 어딘가에서 주운 박스를 대충 찢어 그 위에 끼적끼적 사연을 적었다. 요점은 면역 결핍 바이러스인 에이즈에 감염되었으니 도와달라는 것.

딱해 보여 동전이라도 있으면 몇 닢 꺼내줄 요량으로 주머니에 손을 쑥 집어넣었다. 그때 누군가가 잽싸게 내 팔을 낚아채며 끌어당겼다. 집으로 올라가는 계단을 오가며 몇 번 마주친 적이 있는 날카로운 인상의 동네 아주머니였다. 그녀는 미간을 한껏 찌푸린 표정을 지어 보이며 비렁뱅이 같은 녀석에게 도움을 주지 말라고 나를 뜯어말렸다. 그러고는 남자에 대한 험담을 늘어놓았다. 진짜 에이즈에 걸린 건지 심히 의심스럽다며 의문의 눈초리를 보냈다. 때때로 노상방뇨를 저지르기도 한다면서 혀를 끌끌 찼다.

그렇다. 그녀의 말대로 그는 에이즈에 걸리지 않았을 수도 있다. 하지만 그건 내게 그다지 중요하지 않았다. 그의 모습은 충분히 애처로웠으니까. 세상에 구걸로 연명하고 싶은 사람이 어디 있단 말인가. 따가운 시선과 부끄러움을 무릅쓰고 체면을 구기고서라도 구걸을 해야만 먹고 살 수 있는 처지에 놓인 것이 가여웠다. 아주머니가 자리를 뜨고 나서 주머니에 있던 2유로짜리 동전을 두고 왔다. 내겐 커피 한 잔 값이지만 그에겐 생계를 이어가기 위한 수단일 수도 있으니.

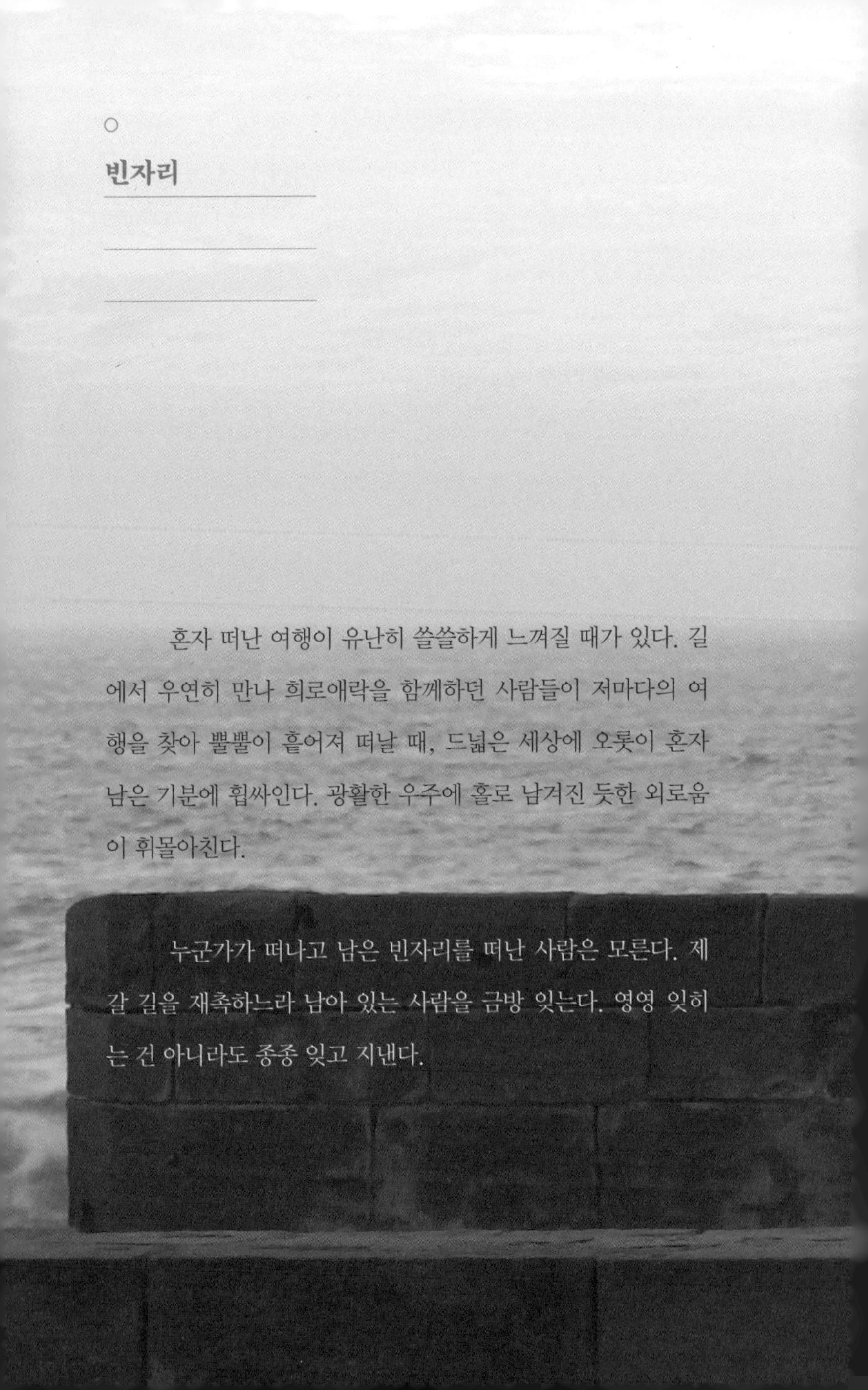

○

빈자리

혼자 떠난 여행이 유난히 쓸쓸하게 느껴질 때가 있다. 길에서 우연히 만나 희로애락을 함께하던 사람들이 저마다의 여행을 찾아 뿔뿔이 흩어져 떠날 때, 드넓은 세상에 오롯이 혼자 남은 기분에 휩싸인다. 광활한 우주에 홀로 남겨진 듯한 외로움이 휘몰아친다.

누군가가 떠나고 남은 빈자리를 떠난 사람은 모른다. 제 갈 길을 재촉하느라 남아 있는 사람을 금방 잊는다. 영영 잊히는 건 아니라도 종종 잊고 지낸다.

남은 사람은 안다. 떠난 이의 빈자리가 얼마나 크게 남았는지. 그 허한 공백이 얼마나 서글픈지. 빈자리를 바라보고 있으면 가슴이 먹먹해진다. 아무리 먹어도 채워지지 않는 허전함이 머문다. 나도 긴 여행을 떠나면서 누군가를 남겨두고 왔겠지. '잘 도착했을까?', '밥은 먹고 다니겠지?', '어디에서 무얼 하며 지낼까?'

먼 하늘 아래 어딘가에서 나의 안부를 궁금해할 사람들이 보고 싶어진다.

인생은
타이밍이다

모든 일은 타이밍이 중요하다. 며칠 전 아주 절묘한 타이밍을 두 눈으로 똑똑히 목격했다. 대단히 안타까운 상황이었다. 용산역에서 동인천역으로 향하는 열차가 서는 플랫폼이었다. 용산역이 동인천행 급행열차의 시발점이라 짧게는 1~2분, 길게는 5분 넘게 열차를 탄 채로 대기한다. 이 사실을 까맣게 몰랐던 한 할아버지가 열차에 타고 있었다. 할아버지는 대체 왜 열차가 출발하지 않는지 의문인 듯 보였다. 궁금함을 참지 못하고 궁둥이를 들썩거리다가 잠시 열차 문밖으로 나왔다. 그 순간 절묘한 타이밍에 지하철 문이 철커덕 소리를 내며 닫혔다. 이어 스크린 도어도 굳게 닫혀버렸다. 할아버지는 몇 분간 기다린 열차에 몸을 싣지 못했다.

문제는 그뿐만이 아니었다. 열차야 다시 타면 된다지만 그 안에 덩그러니 남은 짐은 의자에 오롯이 앉아 열차와 함께 할아버지 곁을 떠나고 말았다. 이런 낭패가 있나. 할아버지는 당황스러움을 감추지 못하고 사색이 되어 스크린 도어를 마구 두드렸으나 열차는 아랑곳하지 않고 떠났다. 그렇게 짐을 잃어버리고 말았다. 한 승객이 얼른 역무실로 달려가 연락을 취해보라고 권하자 뒤도 안 돌아보고 역무실을 향해 전력 질주했다.

기막힌 타이밍이었다. 새삼 타이밍의 중요성을 깨닫는 순간이었다. 누구나 느껴봤을 법한 아찔한 타이밍. 타이밍 때문에 가슴을 쓸어내리거나 미간에 주름 잡는 일이 종종 생긴다. 놀라운 타이밍이 톱니바퀴처럼 맞물려 기적적인 일이 벌어지기도 한다. 일본 드라마 〈심야식당〉에 이런 대사가 나온다. "타이밍이 딱 들어맞으면 여러 가지 일들이 생기는 거야."

운명, 인연은 물론이고 삶, 여행에도 타이밍이 중요하다. 타이밍을 놓치지 않기 위해 정신 바짝 붙들고 살아야겠다고 다짐하는 오늘. 그게 마음먹은 대로 단순하게 흐르지 않는 게 문제지만.

세상에 죽음이 없다면

힌두교도는 죽은 뒤 인도 바라나시의 갠지스강에서 화장을 하면, 신의 도움으로 윤회의 끈을 끊어내고 고통스러운 세상에 다시 태어나지 않는다고 믿는다. 이러한 믿음 때문에 바라나시엔 진풍경이 벌어진다. 수일에 거쳐 망자의 시신이 옮겨지고, 죽음의 문턱을 넘나드는 사람들이 삶의 마침표를 찍기 위해 바라나시로 모여든다. 삶과 죽음이 한데 머무는 곳. 수많은 삶과 마주하듯 죽음 또한 거리낌 없이 마주친다. 죽음에 대해 잘 모르겠다. 죽으면 천국과 지옥 사이의 갈림길에 놓일까? 만약 사후세계가 있다면 누가 무슨 기준으로 갈 길을 판단해줄까?

인도의 문헌 중에는 죽음을 관장하는 야마가 죽은 적이 있다는 기록이 있다. 어느 마을에 아이를 원하는 노부부가 있었다. 날마다 정성스럽게 기도한 끝에 그들 앞에 신이 나타나 아이를 점지해주었다. 하지만 아이는 시한부 인생으로 16년밖에 살지 못할 것이라 예언했다. 아이의 이름은 마르칸데야. 약속한 16년이 되자 아이는 수명이 다했고 죽음을 관장하는 야마가 그의 앞에 나타났다. 마르칸데야는 시바(파괴의 신. 창조의 신 브라흐마, 유지의 신 비슈누와 함께 힌두교를 대표하는 신)를 상징하는 남근석 링가에 매달려 기도 중이었다. 기도하는 아이를 억지로 데려가려 했던 야마는 아이를 불쌍히 여긴 시바의 노여움을 샀다. 분노한 시바는 야마를 태워죽였다. 야마가 죽자 세상에는 죽음이 사라졌다. 시간이 흐를수록 세상은 혼란에 빠졌다. 아픈 노인이 넘쳐 나는데 병원은 턱없이 부족했고 인구는 점점 많아지는데 먹을 것은 한정돼 있으니 배고픔을 호소하는 사람도 늘었다. 아무리 굶어도, 아무리 아파도 죽을 수 없는 혹독한 상황이 계속되자 죽고 싶어 하는 사람이 속출했다. 마침내 야마를 살려달라고 아우성치기에 이르렀다. 이에 시바는 야마를 살려주었고 다시 삶과 죽음이 공존하게 되었다.

세상에 죽음이 없다면 행복하지 않을까? 죽음이 갈라놓

는 슬프고 안타까운 이별을 겪지 않아도 되고, 하고 싶은 일에 끊임없이 도전하며 활기차게 살 수 있을 것 같다는 찰나의 상상을 했지만 이내 접었다. 눈을 질끈 감고 고개를 절레절레 흔들었다. 야마가 사라진 세상은 아무런 준비 없이 의료 기술의 발달로 얼떨결에 100세 시대를 맞이한 우리들의 모습과 닮았다. 오래 산다는 게 과연 축복일지. 나서 살다가 죽는 것은 지극히 당연한 자연의 섭리다. 바라나시에서 숱한 죽음을 목격하게 되더라도 놀랄 일이 아니라는 것.

옛말에 개똥밭에 굴러도 저승보다 이승이 낫다 하였다. 설령 지금 개똥밭에서 데굴데굴 구르고 있다 할지라도 너무 노여워 말자. 이승을 떠나고 나면 '그래도 개똥밭이 좋았었지'라고 한탄하게 될지도 모르는 일.

우리 엄마

매년 두세 번씩은 기회를 만들어 엄마와 함께 여행을 떠난다. 내게 엄마는 엄마이자 아빠다. 오래전 이혼을 결심한 엄마는 아빠의 빈자리를 채우기 위해 다부지게 살았다. 엄마의 희생으로 그 흔한 아르바이트 한 번 안 해본 채 고생 모르고 컸다. 당연한 건 줄 알았다. 엄마는 그래도 되는 줄 알았다. 어른이 되어 먹고사는 문제에 부딪혀보니 그게 얼마나 큰 희생이었는지 조금은 알 것 같다. 요즘은 이혼이 워낙 흔한 일이 되었고 흉이 아닌 세상이지만 수십 년 전에는 달랐다. 생존의 문제도 달려 있었다. 엄마는 어린 두 아이를 끌어안고 도배 일을 하며 딸들을 야무지게 키워냈다. 캄캄했던 앞날을 두고 엄마는 "내가 열심히 살면 아이들도 곧게 크겠지" 생각하며 앞만 보고 달려오셨다고 한다. 등허리가 잔뜩 굽고 이마에는 굵은 강줄기가 흐르는 우리 엄마. 엄마를 생각하면 눈가가 촉촉해지고 목구멍에 무언가가 걸린 것처럼 목이 메어와 침을 한 번 꿀꺽 삼키고 기침을 해 가다듬는다.

엄하고 무서웠고 가끔은 사납게 굴기도 했던 엄마가 환갑을 넘기고 나서는 부쩍 아이 같아졌다. 꽃 한 송이만 보아도 촉촉한 눈이 되고 얼굴이 발그레해지며 환하게 웃는다. 강해야 했던 엄마는 이제야 소녀 같은 제 모습을 되찾았다.

사랑하는 사람과 긴 여행을 할 수 있다는 것. 나란히 앉아 아름다운 풍경을 바라보고 맛있는 저녁을 먹으며 웃음꽃 피는 대화를 나눌 수 있다는 것. 이보다 행복한 일은 없다고 생각한다. 충분히 그렇게 하고 있지만 가까운 사람들과 더 잘 지내보려고 한다. 많은 사람을 만나려는 욕심은 내려놓고 곁에 머무는 소중한 사람들에게 깊은 애정을, 시간을 쏟아야지. 지금이 아니면 안 될 것 같아서 있을 때 잘하고 싶다.

흐르는 것들은 흘러야 한다

흐르는 강물도, 시들어가는 꽃도, 날아가는 새도,
스치듯 지나는 시간도, 멀어져 가는 인연도.
살다 보면 묶어두고 싶은 게 참 많다.
흐르는 강물을 한데 놓아두면 썩을 것이고
시드는 꽃을 멈추게 하면 향기를 잃어 참된 멋이 사라질 테지.

흐르는 것이 자연스러운 것들을
내 욕심대로 매어놓을 수 없을뿐더러
억지로 그리한다 해도 의미가 퇴색되기 마련이다.
세상에 영원한 것은 없다.
그 당연하고도 자연스러운 진리 앞에 새삼 슬퍼할 이유가 있을까.
강물은 흐르고 꽃은 시들고 시간은 흐르고 인연은 언젠가 떠나가고.
그저 흐르는 대로 흐르도록 내버려 두는 것이
마음 아프지만 당연한 것이라 믿는다.

문제는 마음이다.
머리는 이토록 잘 이해하고 있는데 빌어먹을 마음이
내 것 아닌 양 따로 논다.

괜찮고 싶은데, 하나도 안 괜찮다.

Part 5.

여행과 생활의 미묘한 경계

○

프리랜서
여행작가
6년 차

프리랜서 여행작가 6년 차. 흘러가는 대로 살고 있다. 프리랜서가 되고 나서는 내 시간이 부쩍 많아졌다. 모든 시간이 내 시간이다. '무기력 요괴'가 덮치는 날이면 넋을 놓고 하루를 보내기도 한다. 노력하면 시간을 더 알차게 쓸 수 있을 것 같은데 이불 속에서 두어 시간 동안 탈출하지 못하고 헤맬 땐 '내가 이러려고 작가했나?' 하고 자괴감이 몰려온다.

의도했던 건 아니지만 어쩌다 보니 프리랜서가 되어 있었다. 딱 서른까지 평범한 직장인으로 살았다. 시원한 마음으로 회사를 그만둘 수 있었던 건 얼마 지나지 않아 새로운 회사에 출근하고 있을 거란 굳은 믿음이 있었기 때문이다. 온 나라 방방곡곡을 취재해야 하는 책을 한 권 더 쓰고 나서 다시 회사에 몸담을 요량이었다. 그래서 머리를 쥘 만큼 고민스럽지 않았다. 한 권이 두 권이 되고 두 권이 세 권이 되면서 직업이 자연스럽게 바뀌어버린 건 예상치 못한 반전. 프리랜서에게 하고 싶은 일과 할 수 있는 일이 많다는 건 분명 좋은 일이고 감사하다.

프리랜서가 된 후로 집에서 보내는 시간이 늘었다. 인천에서 종로 1가, 신사동으로 날마다 출근했을 때는 꿈도 못 꿀 일이었다. 해 뜨면 출근, 해지면 퇴근이 끝없이 반복되는 삶이었다. 가족들과 보낼 시간이 많지 않다는 게 가장 속상했다. 퇴근길 '지옥철'에서 압사 당할 위기를 뚫고 집으로 돌아오면 녹초가 되어 있었다. 밝고 맑은 얼굴로 이야기할 여력이 없었다. 요즘은 하루에 두 끼씩 가족들과 함께 밥을 먹는다. 행복이 뭐 별건가. 가족들과 관계가 더욱 쫀쫀해지면서 느끼는 포근함과 안정감은 정말이지 더할 나위 없이 좋다.

때때로 겪는 마감 스트레스는 고달프다. 써야 하는데 안 써질 때, 생각만큼 속도가 나지 않고 몸이 엿가락처럼 늘어져 눕고만 싶을 때 일이 힘들게 느껴진다. 미리 차근차근 해나가면

덜 힘들 것을 꼭 마감일을 코앞에 두고서야 키보드를 두드리기 시작하는 패턴이 문제. 결국 내 탓이다. 우물쭈물 한 자도 쓰지 못하고 있다가 시간에 쫓기면 그제야 풀리는 건 도대체 왜일까. 몇 달 전에는 난생처음으로 원형 탈모가 생겼다. 덥수룩한 머리카락 사이 엄지손톱만 한 크기의 매끈한 두피가 모습을 드러냈다. 한동안 그 자리엔 머리털이 단 한 가닥도 나지 않았다가 피부과에서 주삿바늘을 몇 차례 찔러 넣었더니 갓 자란 잔디처럼 거친 잔털이 맺혔다. 공상의 꽃을 피워 대머리가 될 거라며 좌절했었다. 신경 쓰이고 피곤한 건 굳이 말로 하지 않아도 몸이 안다.

여행작가로 직업이 바뀌고 나서 출국이 잦아졌다. 한 해 적어도 열댓 번은 들락날락하고 그중 몇 차례는 한 달 이상 긴 여행을 떠난다. 젊은 시절에 다른 모습으로 살아가는 사람들을 만나는 건 큰 자극이 된다. 일을 낀 여행은 보통의 여행과 다르다. 여행 중에도 긴장을 늦출 수가 없다. 하고 싶지 않은 일을 해야 할 때도 있다. 필요하다면 입맛에 안 맞는 음식을 먹고 눈곱만큼도 관심 없는 여행지를 바삐 돌아다녀야 한다. 여행 후 뱉어내야 할 결과물을 생각하면 마냥 편하게 여행을 즐기기만 할 수 없는 상황. 여행을 일로 삼으면 무거운 책임이 뒤따른다. 출판사

들의 출간 제의나 강연, 방송 제안, 원고 청탁이 꾸준히 들어온다. 하지만 글로 이야기하는 쪽이 나와 결이 맞는 일이라서 같은 시간이 주어지면 언제나 글을 택하는 편이다. 희한하게 일거리는 한방에 쏟아지곤 한다. 한가할 때는 전화도 메일도 죽은 듯 잠잠하다가 바빠진다 싶으면 이런저런 요청이 쇄도한다. 바람직하다. 나를 찾는 사람이 많다는 것은. 그럼에도 눈앞에서 수백만 원이 훨훨 날아가는 걸 바라볼 수밖에 없는 현실은 쓰다. 나는 언제 굶어 죽을지 모르는 프리랜서니까. 일이 몰리는 시기엔 몸이 두 개였으면 좋겠다. 아니면 하루가 48시간쯤 되든지.

Vassili Grossman Vie et destin
Rebus
Les hommes aussi s'en souviennent
Simone Veil
10 18

그녀는 어쩌다 작가라고 불리게 되었나

죽기 전에 꼭 해보고 싶은 일을 적은 목록, '버킷리스트'. 사람들이 적은 버킷리스트를 보면 단골로 등장하는 항목이 있다. 책을 출간하는 것. 그런 의미에서 나는 운이 아주 좋은 사람이다. '안혜연'이란 이름이 새겨져 나온 책이 이미 여섯 권이나 있으니까. 처음에는 작가라는 호칭이 낯설었다. 몸에 맞지 않는 옷을 걸친 것처럼 불편했다. 편집자나 인터뷰 차 만난 잡지사 기자가 "작가님!"이라고 부르면 "이름을 불러주는 편이 더 좋아요"라고 꼬집어 말했다. 굳이 책을 쓴 사람이라는 표현을 하고 싶다면 작가보다는 저자로 불리는 쪽이 편하다고 이야기했다. 평범한 직장인으로 살아온 그녀, 어쩌다 작가가 되었을까?

어린 시절, 교과서 이외의 책장은 펼칠 줄 모르는 아이였다. 학창시절 책을 가까이했던 유일한 기억은 국민학교(당시엔 국민학교였다) 2학년 때. 책을 많이 읽는 학생에게 상을 안겨준다기에 승부욕과 오기를 십분 발휘해 독서 삼매경에 빠졌었다. 신기한 것은 책을 곁에 두지 않았음에도 남다른 글 솜씨를 뽐냈다는 것. 6학년 때부터 수년간 라디오 프로그램에 사연을 보내 미천한 글발로 온갖 경품을 휩쓴 전적이 있다. 하루가 멀다 하고 집으로 각종 경품이 날아들었다. 어떤 날은 구두 상품권이, 또 어떤 날에는 문화상품권이 배달되었고 뮤지컬 티켓도 거머쥐었다. 케이크와 함께 꽃배달이 오기도 했다. 당시엔 '운이 좋았거니' 하고 넘겼는데, '혹시 그때부터 글 쓰는 데 숨겨진 재능이 있었던 게 아닐까' 하고 억지로 끼워 맞추고 있다. 이후 책과 담쌓고 살았던 그 아이는 첫 직장으로 교보문고에 들어가 다양한 책을 두루 섭렵하며 수십만 권의 책 표지만 보는 기염을 토했다.

스물셋이었나, 넷이었나. 아마 그 무렵이었을 거다. 과분한 기회가 찾아왔다. 커피와 차에 대한 이야기를 다룬 일본 번역서를 준비 중이라는 출판사로부터 연락이 왔다. 뒷부분에 한국의 카페 정보를 덧붙이고 싶다고 했다. 출판사 편집자는 내가 취미 삼아 블로그에 끼적인 카페 사진 몇 장과 열 줄도 채 안 되는 짧은 글을 접하고는 그 일을 맡아달라고 손을 내밀었다. 일부지만 저자로 참여할 수 있다는 데 혹해서 생각해보겠다고 대뜸 대답했지만 자신은 없었다. 시간이 지날수록 엄두가 나지 않았다. '책에 실을 만한 글을 쓸 역량이 될까?', '어디서부터 어떻게 풀어나가야 하지?' 도통 감이 오지 않았다. 지금처럼 주위에 글 쓰는 사람이 많아서 조언을 구할 수 있는 상황도 아니었다. 시작도 하기 전에 걱정이 태산같이 쌓였다. 결국 어수선한 마음을 이기지 못하고 포기했다. 수개월이 지났다. 서점에 갔다가 그때 그 책을 우연히 발견했다. 보들보들한 표지를 들추자 일본 번역서답게 아기자기한 디자인이 돋보였다. 차 한 잔이 담긴 사진에서 배어 나오는 따듯한 기운, 기분이 이상했다. '죽이 되든 밥이 되든 도전했다면 어땠을까?'라고 생각하니 마음이 꿈틀거렸다. 그때 깨달았다. 도전하는 것과 도전하지 않는 것의 차이를. 그 결과의 차이가 이토록 큰 거였구나!

몇 년이 흘렀고 책과는 점점 멀어지는 듯 보였다. 그러다 2011년에 또 한 번의 찬스가 찾아왔다. 교보문고 웹진에 카페 이야기를 연재해달라는 제안을 받았다. 연재 시작 2주 만에 뜻밖의 일들이 생겼다. 규모가 꽤 큰 출판사 두 군데에서 출간 제의를 해왔다. 이번에는 걱정 따위로 기회를 날리지 않기로 했다. 그렇게 나온 첫 책이 『그 카페에 가다』이다. 물꼬를 터준 그 책이 없었다면 지금의 나 또한 없기에 어쩌면 내게 가장 소중한 책이다.

글밥 먹고 산 지 올해로 6년째. 여전히 생각을 글로, 책으로 엮는 일은 버겁다. 여태껏 해왔던 일들과 크게 다른 점은 처음과 다름없이 이 일이 좋고 즐기고 있다는 점이다.

그게 나예요

SNS를 들여다보고 있으면 모든 사람이 행복해 보인다. 생기 가득한 일상, 휴양지로 떠나는 달콤한 힐링의 시간, 나날이 쌓여가는 눈부신 커리어, 은은하게 머금은 여유의 향기까지.

평소엔 괜찮다가도 자존감이 바닥으로 뚝 떨어지는 날이면 '나만 이런가?' 하는 원망스러움에 갇혀 나도 모르게 고개를 떨군다. 사진 속에서 발그레한 웃음을 띠고 있는 그녀에게도 나름의 고민거리와 괴로움이 분명 존재할 텐데. 일상의 한 장면이고 단편적인 모습일 뿐이라는 걸 아는데도 가끔 부러워지는 것은 어쩔 수 없다. 거참 못났다.

누구에게나 명랑하게 이야기 건넬 수 있는 사교성을 지녀야 할 것 같고, 외로워도 슬퍼도 절대 안 우는 캔디처럼 매사에 꿋꿋해야 할 것 같고, 어벤저스 주인공처럼 결심한 일은 척척해내야 할 것 같고. 애석하게도 내가 되고 싶은 사람과 현실의 나는 달라도 너무 다르다. 낯가림이 심하고, 설령 낯을 안 가리더라도 사람은 적극적으로 가리며 작은 일에도 풀이 죽고 슬픈 일에는 곧바로 눈물샘을 터뜨리는 나. 넘칠 만큼 많은 일을 일사천리로 거뜬히 해내는 대신 날카롭게 곤두서서 주변인을 난처하게 만들곤 하는 나. '의지박약의 아이콘'이다.

'내가 바라는 나'와 '진정한 나' 사이의 간극이 너무 컸다. 그 틈이 너무 벌어져서 한동안 힘에 겨웠다. 이제 인정해야겠다. 이게 나라는 걸. 기준이 남이면 나의 행복은 산산이 조각나 흩어진다. 있는 그대로의 나를 토닥토닥 안아주고 믿어주고 사랑해야지. 무던하게 받아들여야지. 그게 나인데 뭐, 어쩌라고.

이제 인정해야겠다. 이게 나라는 걸.

기준이 남이면 나의 행복은 산산이 조각나 흩어진다.

있는 그대로의 나를 토닥토닥 안아주고 믿어주고 사랑해야지.

무던하게 받아들여야지.

그게 나인데 뭐, 어쩌라고.

자신감을 갖기로 했다

오르세 미술관에 들렀다가 집으로 돌아가는 길, 어느 골목에 작고 아담한 갤러리들이 오밀조밀 모여 있었다. 개성 강한 화풍의 그림이 눈에 띄었다. 굉장히 다채로웠다. 색채가 화려해서 눈이 멈추는 그림, 무언가 말을 건네려는 것 같아서 마음이 가는 그림, 기기묘묘해서 시선이 꽂히는 그림이 보였다.

예술을 어떤 눈으로 바라보는가는 각자의 몫이다. 내 눈에는 도무지 공감의 접점을 찾기 힘든 작품도 적지 않았다. 이를테면 어려운 추상화라든지 난해한 현대미술이라든지. 작품에 대한 해석은 사람마다 다르겠지만 분명 한 가지는 높이 살 만했

다. 자신만의 고유한 작품 세계를 그려내고 올곧게 추구해 나가는 예술가의 꿋꿋한 태도와 꼿꼿한 자세.

요즘 책을 만들면서 부쩍 고민이 많아졌다. 잡생각도 늘었다. 내가 잘하고 있는 건가 끊임없이 되새겨도 명확한 답이 없는 나의 일. 나조차 내가 의심스러워 갈팡질팡 휘청거렸다. 그럴 필요가 없는 일이었다. 누가 무엇을 어떻게 생각하든 나는 나답게. 자신에게 부끄럽지 않은 책을 내놓기 위해 부단히 노력하는 것만으로도 족하다.

자신감을 갖기로 했다.
내가 잘하는 일에. 잘하고 싶은 일들에.

좋아서 하는 일

'인생은 가까이서 보면 비극이지만 멀리서 보면 희극'이라고 찰리 채플린이 말했다. '나인투식스'로 회사에 묶인 지인들은 돈 많은 백수처럼 보이는 내가 부러운 모양이다. 잘 알지도 못하면서. "책으로 돈 좀 벌었어요?"라는 질문이 끊이지 않는다. 예상은 완전히 빗나갔다. 97% 오해.

한 번이라도 책을 만들어본 사람이라면 공감한다. 책만 팔아서는 큰돈을 손에 쥘 수 없다는 불편한 진실을. 주요 서점의 종합 베스트셀러 순위 상위권에 진입해 긴 시간을 견뎌내지 않고서야 책으로 떼돈 벌기란 매우 어려운 일이다.

오로지 책만 쓰면서 살고 싶다는 야무진 꿈을 가진 사람을 만나면 제정신이냐며 멱살을 부여잡고 싶다. 그 사람의 안온하고 밝은 미래를 위해서. 보통 저자는 책의 정가에서 10% 남짓의 인세를 받는다. 정가가 14,000원인 책을 3,000부 팔면 저자에게 돌아오는 돈은 420만 원. 게다가 인세는 월급처럼 고정적으로 들어오는 것도 아니다. 생계가 걸려있다면 참담하고 암담하다. 교보문고에서 일하며 평대에 한 번 누워보지도 못하고 책장에 처박히는 책을 숱하게 보아왔다. 정성 다해 집필한 저자를 생각하면 마음 한구석이 저릿하지만 별 수 없다. 진열할 수 있는 자리는 한정돼 있고 날마다 신간은 파도처럼 밀려온다. 책 한 권을 만드는 데 들이는 시간과 노력은 끝도 없건만 그렇게 만든 책이 팔릴 거란 보장은 없는 냉혹한 현실.

책으로 많은 돈을 벌고야 말겠다는 절실한 심정으로 책을 만든다면 이 일을 얼마 이어가지 못할 확률이 짙다. 좋아하는 일이니까 하고 싶은 일이니까 열정으로 애정으로 책을 만드는 거지. 돈을 떠나 내 이름이 찍혀 나온 책이 있다는 건 가슴 뿌듯한 일이다. 그러니 제발 중쇄를 찍었다고 한 턱 쏘라는 몹쓸 망언은 이제 그만들 하시길!

이상하게 돌아가는 1년

석 달, 넉 달 만에 뚝딱 책을 내는 저자들을 보면 신기할 따름이다. 내게는 능력 밖의 일. 대개는 1년쯤 넉넉히 시간을 두고 출간을 계획한다. 여행책이다 보니 취재가 필요한 일이 많고 책에 대해 곰곰이 생각하며 기획하는 시간, 취재를 빙자해 여행하는 시간, 다녀와서는 머리를 쥐어뜯어가며 글을 쓰는 시간을 겪어야 한 권의 책이 빛을 본다. 길다면 긴 1년이라는 시간. 기간이 넉넉하다고 느껴지면 일이 한도 끝도 없이 늘어진다. 멀게만 여겨지는 마감일 덕분에 오늘 일을 가뿐하게 내일로 미룰 수 있다. 내 페이스에 맞게 천천히 느긋하게 글을 쓴다. 몸이 배배 꼬이고 뒤틀려 궁둥이가 들썩거릴 때는 영화를 보러 가거나 책을 읽는 등 딴짓을 한다.

째깍째각 데드라인이 코앞에 닥치면 그제야 집중력이 샘솟기 시작한다. 편집자의 연락도 조금씩 잦아진다. 상냥하고 곱게 말하지만 뼈 있는 말속에 담긴 무언의 압박이 마음을 짓누른다. 어쩔 수 없을 때, 더 이상 물러설 데가 없을 때, 편집자에게 둘러대는 게 민망해지는 순간에 일이 잘 된다. 엉킨 실타래처럼 꽉 막혔던 이야기들이 술술 풀린다. 어느 정도 완성된 원고가 내 손을 떠나 출판사에 넘겨지고 나면 본격적으로 속도가 붙는다.

원고를 되짚어보고 문장을 다듬고 마음에 들지 않는 단어를 샅샅이 찾아 끄집어낸다. 디자이너가 잡아온 시안을 보고 의견을 조율한다. 디자이너도, 나도 각자 디자인에 대한 고집이 있으므로 편집자를 사이에 두고 적절한 선에서 양보하고 타협한다. 출간 전 한 달은 눈코 뜰 새 없이 바쁘다. 1교, 2교, 3교. 편집자와 원고를 주고받으며 끊임없이 고치고 또 고치는 일을 수없이 반복한다. 지인들에게 원고 일부를 슬쩍 보여주며 반응을 살피기도 한다. 가끔은 편집자나 마케터, 저자의 눈보다 독자의 눈이 정확할 때도 있으니까. 교정 작업을 마친 원고가 인쇄소로 넘어가기 전 일주일은 난리도 아니다. 긴급한 상황이 계속된다. 한 번이라도 더 살피고 싶은 작가의 애달픈 심정과 후다닥 책을 만들어 독자에게 안기고 싶은 출판사의 굳은 의지. 평온한 마음으로 출발했던 여유만만한 흐름은 온데간데없고 조급한 마음으로 쫓기듯이 마무리한다.

작가의 1년은 참 이상하게 돌아간다. 한가할 때는 지나치게 한가하고 바쁠 때는 숨도 못 쉴 만큼 정신없이 굴러간다. 얼렁뚱땅 물 흐르듯 흘러가는 작가의 시간.

따로 또 함께

프리랜서 작가로 일하는 게 즐거운 이유는 내가 일하고 싶은 출판사와 편집자를 선택할 수 있어서다. 보기 싫은 사람과 마지못해 얼굴 붉히며 일하는 대신 함께하고 싶은 사람들과 충만한 에너지를 품고 새로운 일을 벌인다. 노는 것도 그렇고 일도 그렇다. 어느 정도 호흡이 맞는 사람과 일해야 작업 과정이 활기차고 결과 또한 만족스럽다. 나와 결이 맞는 사람이나 비슷한 생각을 하는 사람을 찾는 편인데 고맙게도 지금까지 만난 편집자들과의 호흡은 순탄했다.

편집자와의 찰떡 호흡은 책의 완성도를 높이는 데 중요

한 부분을 차지한다. 서로에게 이건 이렇다 저건 저렇다고 가감 없이 후련하게 말할 수 있어야 한다. 잘 된 건 잘 했다고 흔쾌히 칭찬하고 아니다 싶은 건 수정하는 편이 낫겠다고 거리낌 없이 대화를 나눠야 한다. 수없이 많은 이야기가 오가야 책 한 권이 탄생하니까.

책을 만드는 건 큰 산을 넘는 것과 다르지 않다. 해도 해도 끝이 없고 가끔은 힘에 부쳐 두 손 두 발 다 들고 싶다. 끊임없는 선택의 연속이다. 갈림길에 놓였을 때 어느 한쪽을 선뜻 고르지 못하는 내겐 상당히 고달픈 일. 기획 방향을 어떻게 정할지, 글의 톤은 어찌할지, 책의 크기와 종이 질은 어떤 걸 고르면 좋을지. 이런 굵직한 틀을 잡는 것부터 선 하나, 단어 하나를 넣고 빼는 시시콜콜한 디테일까지. 편집자와 저자 사이에 의견 차이가 생기는 건 너무나 당연하다.

얼마나 매끄럽게 풀어나가느냐가 관건. 솔직하게 표현하기가 껄끄러워 꽁하게 되거나 불만이 쌓이고 나면 책을 만드는 데 집중하지 못하고 엉뚱한 데 시간을 허비한다. 어두운 감정이 들불처럼 걷잡을 수 없이 번져 작업이 엎어지는 경우도 있다. 편집자, 저자 모두에게 손해다. 그게 감정이든 시간이든.

10
Breakfast
Eat
London
Jamie's MINISTRY OF FO
THE KINFOL
Painting · a retrospective

노련하고 감각적인 편집자와 일은 달갑고 유쾌하다. 저자와의 원활한 소통은 물론 트렌디한 소재를 발견하는 센스, 집요하다 싶을 정도의 꼼꼼함과 적절한 마케팅 능력까지 두루 갖춘 대단한 그녀들.

내 이름 석 자가 새겨져 나온 내 책들은 나의 책이기도 하지만 나만큼이나 책에 남다른 애정을 품고 있는 출판 편집자들의 책이기도 하다. 보이지 않는 곳에서, 오늘도 열심히 책 만드는 일에 여념 없을 그녀들에게 뜨거운 박수를 보낸다. 아주 열렬히!

현실의 여행작가

약속 장소가 광화문이나 강남으로 정해지면 30분 정도 서둘러 서점에 들른다. 여러분에게 둘러대는 표면적인 이유는 책장을 들춰보기 위해서. 새로 나온 신간을 뒤적거리며 여행계의 흐름을 파악하려 애써본다. 그보다 더 강력한 욕구는 내 책이 잘 누워있는지 염탐하기 위해서. 아무도 주시하지 않지만 괜히 찔리는 마음에 오른쪽 왼쪽 슬쩍슬쩍 눈을 굴리고는 독자인 척 자연스럽게 다가가 책을 펼쳤다가 헝클어진 모서리를 가지런하게 정리하고는 흐뭇함에 혼자 씩 웃는다.

이따금씩 포털 사이트나 인스타그램에서 책 제목 또는

내 이름을 검색해본다. 최신순으로 조회해 어떤 글이 올라왔는지 엿보고 부정적인 얘기가 없는지 살핀다. 사람들의 반응이 궁금하다. 칭찬의 향연이 펼쳐지면 뭉클함에 휩싸여 책 만들길 잘했다고 뿌듯해한다. 득달같이 달려가 덧글을 남기기도. 지도가 더 자세했으면 좋겠다든지, 최근 문 연 핫한 카페 정보가 풍성했으면 한다든지 하는 식의 타당한 지적은 고맙게 받아들인다. 중요한 내용은 흘려듣지 않도록 메모해두었다가 가능한 개정판 수정사항으로 반영한다.

책을 만드는 것만큼이나 파는 데 관심이 뜨겁지만 첫 책을 냈을 때는 전혀 다른 태도로 일관했다. 아이러니하게도 책을 보라고 내놓고는 쥐구멍에 숨고 싶었다. 내가 아는 누군가가 내 글을 읽는다는 게 영 부끄러워서 가족들과 친한 친구, 몇 명의 지인들에게만 조심스럽게 알렸다. 지금처럼 넌지시 "제 책이에요. 사주세요"라고 말하지 못했다.

많은 사람이 저자의 역할을 책 쓰는 것에 한정 짓는 경향이 있다. 책을 쓰는 데만 집중할 수 있다면 얼마나 좋을까? 온전히 집필에만 힘 쏟을 수 없는 쓰디쓴 현실. 애석하게도 그게 현실의 여행작가다. 몇 년 사이 더 치열해진 여행서 시장은 각박하다 못해 피 튀기는 경쟁으로 살아남아야 하는 전쟁터가 되었다. 그저 내놓기만 하면 날개 돋친 듯이 팔려나갈 것 같지만 상황은 정반대다. 아니, 애플도 광고하고 삼성도 광고하고 무라카미 하루키도 신작 홍보를 하는 마당에 내 책이 뭐라고 홍보를 안 하나. 이런 책이 있다는 걸 알아야 사든지 말든지 할 거 아닌가. 결국 내 책을 끝까지 책임져야 하는 건 출판사도 마케터도 아닌 나 자신이다.

이러한 연유로 여행작가는 책을 내기 전보다 후가 더 바쁘다. 출간 기념 이벤트를 궁리하고 사인회를 열며 열띤 강연을 하고 손 놓아 시들어가던 SNS에도 열을 올린다. 카페에서 하트가 그려진 카페라테 옆에 은근슬쩍 책을 내려놓고 찰칵. 패션 아이템처럼 옆구리에 살며시 책을 끼운 채 찰칵찰칵. 오늘도 나는 한 명의 독자라도 더 만나기 위해 고군분투 중이다.

"**호호. 아이 추워. 책 사세요! 책 사세요!**"

작은 소망

불로장생이나 세계 평화 같은 거창한 바람은 없지만 '가능한 오래도록 글 써서 입에 풀칠하고 싶다'는 작은 소망은 항상 품고 산다. 글이 좀처럼 돈이 되지 않는 참담한 현실을 꼬집어보면 이는 불가능에 가까운 망상일 수도 있겠다는 생각을 종종 한다.

이제 나이가 들어 머리가 희끗해진 작가 선배에게 이런 질문을 한 적이 있다. "어떻게 하면 평생 글 써서 먹고살 수 있을까요?" 그는 가늘고 길게 작업을 이어가는 타입이다. 한 권의 책은 베스트셀러 목록에 이름을 올렸지만 어떤 책은 1쇄도다 못 파는 고전을 면치 못했다. 비교적 독자층이 탄탄했던 월간지 데스크로 일했던 경력을 살려 호기롭게 여행 잡지를 창간했다가 시원하게 말아먹은 적도 있다. 때때로 고달픈 일이 그를 괴롭혔지만, 그럼에도 글 쓰는 일은 놓지 않았다.

내 물음에 대한 선배의 대답은 기대와 달리 별스럽지 않았다. "그냥 계속하면 돼요." 수십 년간 글밥을 먹고산 그에게는 남다른 비법이 있을 줄 알았다. 그럴싸하고 거창한 답변을 내놓을 줄 알았는데 웬걸, 싱거웠다. 가고 싶은 길이 있다면 줏대 없이 휘청거리지 말고 그저 덤덤하게 걸어가라는 게 그의 조언이었다.

집으로 가는 길에 선배의 말을 곱씹었다. 그러고 보니 여태껏 하고 싶은 일을 포기하는 쪽은 언제나 나 자신이었다. 일이 원하는 대로 흘러가지 않는다고, 수입이 들쭉날쭉 일정치 않다고 갖은 핑곗거리를 늘어놓았다. 스스로 포기하지 않으면 되는 일이었다. 벅차도 버티고 또 버티는 거다. 내가 수년째 이 직업을 유지하고 있는 비결이다.

4066

Hadtörténeti Múzeum
Hospital in the Rock
Halászbástya
Buda Tower
Mátyás templom
Buda Castle
Turista Információ
Buda Castle Funicular
Ingyenes Wi-Fi

CALI
MADON

당신의 일상은 안녕한가요

초판 1쇄 2018년 10월 16일

지은이 안혜연
발행인 유철상
편집 남영란, 이유나, 이정은, 김유진
디자인 조연경, 주인지, 조정은, 이혜수
마케팅 조종삼, 최민아

펴낸곳 상상출판
출판등록 2009년 9월 22일(제305-2010-02호)
주소 서울시 동대문구 정릉천동로 58, 103동 206호(용두동, 롯데캐슬피렌체)
전화 02-963-9891
팩스 02-963-9892
전자우편 cs@esangsang.co.kr
홈페이지 www.esangsang.co.kr
블로그 blog.naver.com/sangsang_pub
인쇄 다라니

ISBN 979-11-87795-94-0(13980)

※ 이 도서의 국립중앙도서관 출판예정도서목록(CIP)은 서지정보유통지원시스템 홈페이지
(http://seoji.nl.go.kr)와 국가자료종합목록시스템(http://www.nl.go.kr/kolisnet)에서
이용하실 수 있습니다. (CIP제어번호 : CIP2018030754)